# 工程监理业主满意项目（2024）

中国建设监理协会　组织编写

中国建筑工业出版社

图书在版编目（CIP）数据

工程监理业主满意项目. 2024 / 中国建设监理协会
组织编写. -- 北京：中国建筑工业出版社，2025. 1.
ISBN 978-7-112-30846-0

Ⅰ. TU712

中国国家版本馆 CIP 数据核字第 2025KV4218 号

责任编辑：张　磊　王砾瑶　边　琨
责任校对：赵　力

**工程监理业主满意项目（2024）**

中国建设监理协会　组织编写

\*

中国建筑工业出版社出版、发行（北京海淀三里河路9号）

各地新华书店、建筑书店经销

北京光大印艺文化发展有限公司制版

建工社（河北）印刷有限公司印刷

\*

开本：787毫米×1092毫米　1/16　印张：13¼　字数：257千字

2024年12月第一版　　2024年12月第一次印刷

定价：**128.00**元

ISBN 978-7-112-30846-0

（44552）

# 编 委 会

**主 任：** 王早生

**副主任：** 李明安　刘伊生

**成 员：** 李 伟　杨卫东　龚花强　李清立　任 旭

邓铁军　许远明　赵振宇　严晓东　孙成双

# 编 写 组

**主 审：** 刘伊生

**主 编：** 李明安　龚花强

**主要参编人员：** 沈云飞　王健磊　孙 璐　杨 溢　宫潇琳

# 前　言

　　工程监理制度自1988年设立以来，在保证工程质量、提高安全生产管理水平、控制建设投资、提升建设效率、促进建筑业健康稳定发展等方面发挥了重要作用。

　　在工程项目中，工程监理作用发挥及监理服务质量如何，委托开展工程监理工作的建设单位（"业主"）最有发言权，他们对监理服务质量的评价能够全面客观地反映工程监理工作整体水平。为此，中国建设监理协会组织开展了"建设单位对工程项目监理服务满意度调查活动"，公开向建设单位发放了《建设单位对工程项目监理服务满意度调查问卷》。

　　本次调查活动共收回有效问卷319份，涉及工程涵盖公共建筑、住宅建筑、工业建筑、市政与交通等多个领域。中国建设监理协会组织专家从中遴选出100个项目，对这些项目的建设单位进行回访。在回访中，100家建设单位均认为我国实施建设监理制度非常必要，尤其对工程质量控制和安全生产管理方面的显著成效给予了高度评价，监理单位在工程建设中的作用不可或缺，是确保建设项目顺利进行和高标准完成的重要保障。

　　为更好地树立工程监理形象，展示工程监理成效，彰显工程监理价值，促进工程监理行业持续健康发展，中国建设监理协会根据建设单位对监理工作的评价及回访结果，组织编写了本书。

　　本次活动得到相关建设单位、监理单位、各地工程监理行业协会及各行业分会的大力支持和积极参与，在此表示衷心感谢！

# 目　录

# 赛瑞斯团队技术精湛　优质服务打造精品工程
## ——北京朝阳壹号住宅项目

## 一、项目概况

北京朝阳壹号住宅项目位于朝阳区，是北京市首批高标准装配式住宅，绿建三星建筑。总建筑面积18.9万 $m^2$，包含15栋单体。搭建了智慧社区系统，大到社区智能化服务，小到住宅空间生活场景的应用全面实现智能化，打造最优宜居环境。

## 二、监理单位及其对监理项目的支持

北京赛瑞斯国际工程咨询公司隶属于中国五矿集团，是一家全资国有的综合性工程咨询企业。项目实施过程中，公司各部门定期对项目监理机构进行走访与检查，并提供必要的支持，确保监理工作高效、平稳运行；公司的专家团队主动协助解决工作中遇到的技术难题，确保为建设单位提供优质的监理服务。

## 三、监理工作主要成效

项目总监理工程师贾磊，曾参与钢结构关键技术研究、施工安全双控实施指导手册编制，所负责项目多次荣获"长城杯"金奖。本项目被北京市朝阳区住房和城乡建设委员会选为2023年度党建活动观摩工地。

在总监理工程师的带领下，监理团队成功地完成了每户一档的资料编制与整理工作，确保了信息的完整性和准确性。在关键环节的验收过程中，监理团队对精装修工程的实测实量以及防水工程施工等关键环节，均实现了100%的全覆盖验收，累计填写了实测数据多达1398页，拍摄影像资料共计2.7万余张，这些翔实的数据记录为工程质量提供了有力的保障。这一严谨的工作态度和细致的验收流程，确保了工程质量的高标准。通过实施数据化管理措施，监理团队有效地控制了工程的质量和进度，最终取得了"零"渗漏、"零"投诉的卓越成效，赢得了建设单位和各相关方的高度认可和赞誉。

## 四、建设单位简况

北京矿融城置业有限公司由中国五矿、融创中国及北京城建投资发展股份有限公司联合发起设立。公司在资源整合、战略规划等多个领域展现出显著的协同效应，积极吸纳智能建造、绿色建筑等前沿理念，致力于打造具备高品质、高智能化、高环保标准的标杆性项目。同时，公司高度重视文化与社区建设，将文化元素与人文关怀深度融入其中。

## 五、专家回访录

2024年9月18日，北京市回访专家组对本项目的建设单位进行了回访。双方就项目监理机构的信息化、智能化工作创新和高质量履约方面做了深入交流。

首先，建设单位介绍了本项目采用的智能化空气检测技术、一键归家便捷功能、云管理平台、巡更机器人以及"天使之眼"监控系统等一系列高科技手段。为确保智能化建设目标的圆满达成，项目监理机构精心策划并组织了多次智能化领域的专业培训，有效推动了建设单位技术革新的顺利实施。

其次，在项目监理机构的勤勉尽责与严格监督之下，本项目在每月进行的第三方飞行检查中，均在五矿集团众多参评项目中脱颖而出，名列前茅。

**北京矿融城置业有限公司文件**

**表扬信**

北京赛瑞斯国际工程咨询有限公司：

　　由我司开发的北京市朝阳区王四营朝阳壹号项目，在贵司的鼎力支持下，凭借其过硬的专业技术监理团队、强大的后台技术支持以及高效的项目人员构架，过程中进行了全面而细致的监理工作，展现出了显著的成果，我们对此深感欣慰并表示诚挚的感谢。

　　项目总监贾磊和项目团队运用专业技能和经验，严格控制工程质量与进度，监理部依法依规执行监理职责，保障工程质量和安全，对发现的问题能够迅速响应，及时提出整改建议并督促施工单位整改，同时监理部能够积极与参建各方沟通与协调，及时解决工程实施中的各种问题，为工程的顺利推进提供了有力保障为项目保驾护航。确保了工程进度的稳步推进和质量的持续提升，为此我项目工程部于2024年1月20日授予项目监理部"杰出项目总监，优秀监理团队"锦旗，既是对以往工作的认可，也是对后续再次合作的期待。

　　目前朝阳壹号项目已交付一年，经历四时仍无任何门窗渗漏投诉这便是对贵司管理工作最高的评价，15栋精装住宅矗立于蓝天之下每一位业主期望的幸福生活在此生根发芽。我们期待双方能够继续深化合作，在未来携手共创更多辉煌业绩！

北京矿融城置业有限公司

2024年9月12日

最后，建设单位特别强调了本项目交付后实现了"零"渗漏、业主"零"投诉，认为这是对监理服务质量的最高评价，并对此极为赞赏。

# 强化企业全方位支持　助力监理高质量服务

## ——北京顺义航天产业园项目

## 一、项目概况

北京顺义航天产业园项目位于中关村顺义园，由北京轩宇空间科技有限公司等投资建设，设计单位是清华大学建筑设计院有限公司、西安航天神舟建筑设计院有限公司，由北京城建集团、中国建筑第三工程局有限公司、中航天建设集团有限公司等单位施工。项目一期建成规模12.4万㎡，含科研、生产及保障用房等。

## 二、监理单位及其对监理项目的支持

北京方圆工程监理有限公司（简称"方圆监理"）是全国第一批试点监理企业，其主要股东为北京市建筑工程研究院，拥有房建和市政监理甲级资质，注册资金2000万元，是两届北京市建设监理协会会长单位。公司致力于为客户提供全过程的技术支持服务，组织专家协助项目监理机构对设计图纸提出优化建议；派驻BIM团队为项目提供建模和管综服务，对项目中涉及的危险性较大的分部分项工程（简称"危大工程"），实施全方位的技术与安全生产管理支持，还定期组织对监理人员进行培训、检查和履职考核。

## 三、监理工作主要成效

本项目1号、5号楼的总监理工程师为刘佳庆，毕业于清华大学，具有高级工程师职称和注册监理工程师、注册造价工程师执业资格；11号、15号楼的项目总监理工程师王国卿，清华大学工程硕士，拥有正高级工程师职称和注册监理工程师、安全工程师执业资格，并且是北京市危大工程方面的专家。凭借两位有丰富经验的总监理工程师的技术能力，带领项目监理机构为工程建设提供了高附加值的监理服务，如在混凝土浇筑前提出跳仓法施工及管网综合布置等合理化建议，经采纳后提高了施工质量并加快了工程进度。此外，项目监理机构还为园区建筑和室外工程提供了BIM建模、管网综合规划以及现场指导工作，协助建设单位完成了大量的外部协调工作。

通过监理单位提供的多维度增值技术服务，助力该项目荣获三项北京市结构"长城杯"奖和两项"北京市绿色样板工地"荣誉。

## 四、建设单位简况

北京轩宇空间科技有限公司是一家隶属于中国空间技术研究院北京控制工程研究所的高科技企业，自创立之初便专注于宇航核心部件、测控仿真以及智能制造领域的研发、设计与制造。凭借其卓越的技术实力与创新能力，该公司于2019年成为上市公司航天智装的全资子公司，从而显著提高了其在行业内的地位与影响力。

## 五、专家回访录

2024年9月19日，北京市回访专家组对该项目的监理工作进行了回访。专家组与建设单位就监理单位所提供的监理服务进行了深入的沟通与交流。

建设单位表示，监理团队展现了卓越的专业技能和高度的敬业精神，整体表现值得肯定。在质量控制、进度控制和安全生产管理等方面，监理团队的工作表现得细致且周到。即便在疫情影响下，监理团队依然能够高效地处理工期和费用的审核工作，确保了项目按时完成。

该项目结构复杂、功能多样且分期建设，涉及多个施工单位。方圆监理不仅实现了预期的建设目标，还提供了超出预期的增值服务。监理单位专家组和BIM团队提出的跳仓法施工及管网综合布置成果，为项目创造了额外的价值和效益。在项目的关键技

**北京轩宇空间科技有限公司**

**建设单位评价函**

北京方圆工程监理有限公司在顺义航天产业园建设项目中监理服务得到建设单位高度认可。

首先，监理部经验丰富，责任心强。前期审图、材料进场、过程验收、安全管理等环节中尽职履责，严格把控；对施工和管理中各种问题，积极提出对策，保障了工程顺利进行。

其次，提供卓有成效专家服务。专家组和BIM组提出跳仓法施工等高质量合理化建议，进行了BIM建模、管网综合，对关键技术、危大管理和创优工作等进行咨询，多次深入现场指导落地，创造了显著的质量、工期效益。

第三，现场配合意识强。按建设单位指令进行大量内外部协调工作，应对疫情影响高效处理工期和经济洽商审核，确保项目按期交付。

监理机构在本项目中的整体素质、专业水准、服务意识等都受到较高评价，希望在未来能够继续合作，共同创造更多的价值。

建设单位：北京轩宇空间科技有限公司
2024 年 9 月 19 日

术、涉及危大工程的专项方案审批以及创优的咨询和论证方面，监理单位均安排相关专家提供了重要的支持。

# 借专业之功、经验之智　助力国家重点工程顺利交付
## ——北京大兴国际机场停车楼及综合服务楼项目

## 一、项目概况

北京大兴机场停车楼及综合服务楼工程由东西两栋停车楼、中部综合服务楼、地下轨道交通（北段）三部分组成，总建筑面积50.3万$m^2$，其中停车楼26.4万$m^2$，综合服务楼又分为酒店和办公楼共13.2万$m^2$，地下轨道交通约10.7万$m^2$。

## 二、监理单位及其对监理项目的支持

北京希达工程管理咨询有限公司（简称"北京希达"）是中国电子工程设计院有限公司的全资子公司。具有工程建设监理综合资质、设备监理甲级资质、信息系统工程监理甲级资质、人防工程监理甲级资质。2017年入选住房城乡建设部"全过程工程咨询试点企业"名单。

公司高度重视本项目，成立由总经理任组长的领导小组，负责资源配置、组织协调、监督检查等工作，每月对项目监理机构进行质量、安全检查，定期组织各类培训。

## 三、监理工作主要成效

本项目由公司副总经理赵秋华担任项目总监理工程师。他以身作则，引领监理团队以高质量、高效率完成了监理工作，赢得了建设单位的高度评价。

项目监理机构在管理和创新方面取得的主要成果包括：（1）实施有效的预控措施。在施工前，严格审查施工单位的资质和施工方案；采用样板先行、技术交底先行的方式，对关键工序、重要部位和新技术应用进行首件验收，合格后再进行大规模施工；确保在质量、进度等方面的关键控制点、方法和措施得到充分沟通。（2）加强施工过程中的质量控制。项目监理机构人员分工明确，职责履行有效；材料进场以及现场巡视、旁站、检查、验收等环节均严格把关，确保措施落实到位；面对复杂多变的施工环境，能

够迅速作出反应。（3）提出建设性建议。总监理工程师凭借其丰富的设计及工程管理经验，建议将部分非必要采用清水混凝土的部位改为普通混凝土，该建议被采纳后，不仅加快了施工进度，还显著节省了项目投资。

## 四、建设单位简况

首都机场集团有限公司隶属于中国民用航空局，是一家以机场业为核心的跨地域的大型国有公司。为加快产业布局，带动京津冀协同发展，同时更好地建设北京新机场，首都机场集团有限公司成立了北京建设项目管理总指挥部。

## 五、专家回访录

2024年9月14日，北京市回访专家组对本项目监理服务进行了回访，并与建设单位就项目监理机构的履职情况进行了深入交流。

在项目启动初期，建设单位期望寻找一家对机场建设流程具有清晰认识、质量控制严、专业能力强、服务水平高的监理单位；项目的总监理工程师应具备强大的协调能力、高瞻远瞩的战略视角，能预见并处理施工过程中出现的各种问题。经过合作，建设单位认为北京希达正是他们要寻找的监理单位。

实施过程中，项目监理机构严格把控材料质量，对现场进行巡视、旁站、检查和验收，针对项目重难点提出针对性的解决方案，展现了卓越的应变能力和专业素养，

**首都机场集团有限公司**
**北京建设项目管理总指挥部**

**感谢信**

致：北京希达工程管理咨询有限公司

自贵单位进驻以来，迅速组建专业监理团队，以丰富的经验和高效管理，确保项目顺利进行。总监理工程师及全体监理人员秉持"科学、诚信、公正、守纪"原则，深入贯彻我方建设意图，提供优质服务，团队专业分工明确，装备齐全，有效履行职责。

贵单位积极听取我方意见，提供宝贵技术指导和支持，通过科学管理手段，有效控制质量、进度与投资，保障施工安全文明。同时，面对复杂多变的施工环境，贵单位能够迅速应对，提出针对性解决方案，展现了出色的应变能力和专业素养，赢得了我们的高度信赖。

贵单位在北京新机场停车楼及综合服务楼工程项目的监理工作中，以专业的技术、严谨的态度、高效的服务，为项目的成功实施提供了坚实保障。我们对此表示衷心的感谢，期待未来继续紧密合作，共创佳绩。

建设单位名称（章）
2024年09月14日

确保了工程质量始终处于受控状态。总监理工程师赵秋华及其监理团队坚持"公平、独立、诚信、科学"的原则，准确理解建设意图，团队分工明确，装备齐全，履行职责有效，以专业技术、严谨态度和高效服务为项目的成功实施提供了坚实保障，赢得了建设单位的高度信任。

# 上庄路蝶变彰显监理作用

## ——北京海淀上庄路（黑龙潭路上庄镇南一街）市政工程（二标段）项目

### 一、项目概况

北京市海淀区上庄路（黑龙潭路上庄镇南一街）市政工程（二标段）项目是为了完善城市地下管网，改善城市抗洪条件的一条旧路改造工程。项目地下管线复杂，车流量大，施工期间要保证道路正常通行，施工难度大，组织协调要求高。

### 二、监理单位及其对监理项目的支持

北京兴电国际工程管理有限公司具有监理综合资质，为中国建设监理协会副会长、北京市建设监理协会会长单位，完成了3000余项各类工程领域的工程监理项目，获得400余项包括"鲁班奖"在内的各类奖项。本项目监理过程中，公司调集各专业骨干组建项目监理机构，配备先进的道路检测仪器，组织公司级专家队伍进行定期巡视检查及技术指导，对监理团队提供全方位的支持及管理效果明显。

### 三、监理工作主要成效

项目总监理工程师王旭拥有20余年丰富的工程监理经验，具备扎实的专业知识和卓越的管理能力。在他的带领下，项目监理机构主动作为，开展了富有成效的工作。首先，全程参与制定污水管线技术方案，有力推进全线采用微顶管技术，确保了污水管线施工过程安全可控。其次，针对路基范围内有地下中压天然气管线和数条军用线缆的情况，组织召开20多次专题协调会，进行事先勘察、可行方案制定，确保了改移及穿越施工过程安全平稳。最后，组织进行12次的交通道改作业，每次道改监理都冲在第一线，组织各项工序衔接紧凑，既保证正常施工，又满足社会车辆夜间的安全通行。监理团队凭借"诚信、实力、专业、规范"的优质服务赢得了建设单位的充分肯定，在建设单位两次考核检查中成绩优异。

## 四、建设单位简况

北京海融达投资建设有限公司成立于2005年。其业务范围涵盖投资与资产管理、企业管理服务、专业承包、劳务分包、建设工程项目管理、工程勘察设计、规划管理、物业管理、城市环境卫生管理、城市市容管理、房地产开发以及公路养护等多个领域。

## 五、专家回访录

2024年9月19日，北京市回访专家组就本项目监理服务对建设单位进行了回访。

建设单位项目负责人对兴电国际的服务给予了高度评价，强调项目监理机构以极强的责任感和严谨的专业态度，积极履行监理职责，为建设单位承担了大量工作，提供了超出预期的服务。

选择兴电国际作为监理单位的初衷，源于其技术力量雄厚、业绩丰富、管理规范、专业团队完备，以及其拥有的综合监理资质，这些因素确保了建设单位能够获得满意的服务。

在项目实施过程中，兴电国际技术委员会多次组织专家对施工图进行细致审核，在设计交底和图纸会审中提出了多项合理化建议。公司专家团队定期对项目进行巡检，职

北京海融达投资建设有限公司

**评价函**

北京兴电国际工程管理有限公司：

我公司委托贵公司作为《北京市海淀区上庄路（黑龙潭路～上庄镇南一街）市政工程（第二标段）（K2+200～K4+200）》的监理单位，在项目建设过程中，贵公司派驻项目的全体监理工程师在总监的带领下，质量控制严格到位，安全管控保障有力，进度控制效果显著，造价控制细致合规，完成了大量富有成效监理工作。

在贵公司和各参建单位的共同努力下，工程项目建设的各项目标都得到很好实现。我们对贵公司严格执行监理合同，认真履行监理职责，以高度的责任心和严格负责的专业精神，始终本着为建设单位提供超值服务的理念非常认可；对贵公司的监理效果、派驻项目监理人员专业能力和在项目安全、质量、进度、造价控制方面的出色表现非常满意；感谢贵公司为项目的顺利实施所付出的努力和贡献，期待再次合作。

再次向贵公司表达我们的谢意！

北京海融达投资建设有限公司
2024年9月19日

能部门定期执行内部审核和年度考核，并对建设单位进行回访，开展满意度调查，以持续优化监理工作。监理团队严格把控质量关，主动解决建设单位面临的困难，有效协调了军用电缆和交通道改等复杂问题，并创新性地提出了微顶管技术。这些举措均获得了建设单位的高度赞扬和认可。

# 光华监理责任担当　高质量监理展华光
## ——北京国祥府住宅项目

## 一、项目概况

项目位于北京市密云区城区东北处，由24栋住宅楼、3栋配套公建、地下车库及幼儿园组成，总建筑面积177523m²。本项目以"居家健康、全域安全、智慧家居、绿色社区、便捷同行"五大模块及20多项健康科技系统为依托，精装修交付，引领密云人居标杆，匠筑时代力作。

## 二、监理单位及其对监理项目的支持

北京光华建设监理有限公司作为一家具备监理双甲级资质的国有企业，其组织架构严谨，管理规范。公司设有"九部两室"，确保了各项业务的高效运作。总工程师办公室及安全管理部门定期对项目进行检查与指导，确保项目实施各阶段都能获得坚实的技术支持。此外，公司构建了专业且充裕的人才库，为项目的顺利进行提供了人力资源保障。

## 三、监理工作主要成效

本项目总监理工程师杨晓兵负责管理的项目多次荣获北京市绿色安全工地、建筑结构长城杯、竣工金杯奖等荣誉，并多次获得建设单位的表扬和认可。在他的领导下，项目监理机构始终遵循监理规范及行业管理部门的各项规定，严格履行监理职责，主动协助建设单位解决各类问题。在图纸会审阶段，共发现38项问题，并提出了一系列合理化建议，从而有效地节省了项目投资。在工程建设过程中，监理团队及时发现并规避了1598起安全、质量隐患，充分体现了监理单位在质量控制和安全生产管理中的关键作用，得到了建设单位的高度评价和表扬。本项目在各参与方的共同努力下，先后荣获北京市绿色安全工地、建筑结构长城杯、竣工金杯奖等荣誉。

## 四、建设单位简况

北京祥晟辉年置业有限公司是一家在地产开发领域拥有丰富经验的专业化企业，其业务范围涵盖房地产开发与物业管理等多个方面。经过多年的稳健发展，公司已构建了一套完善的现代化房地产开发运作管理体系，并致力于实施标准化操作流程，以此作为构建企业核心竞争力的关键所在。

## 五、专家回访录

2024年9月29日，北京市回访专家组对建设单位进行了关于本项目监理服务的回访。

建设单位对项目监理机构提供的监理服务表示了肯定，指出监理团队在设计、施工、竣工备案等关键建设环节中发挥了管理、控制和协调作用，对工程的顺利进行起到了至关重要的作用。

建设单位强调了监理团队在履行职责时，严格遵守了工程建设相关的法律法规、规范、标准和制度，全面履行了监理合同中规定的义务和职责，严格控制了工程质量、进度和投资，确保了工程的顺利进行，实现了预期目标。

**北京祥晟辉年置业有限公司**

**评价函**

北京光华建设监理有限公司：

我公司委托贵公司作为密云区檀营乡6023地块项目的监理单位。

在项目建设过程中贵公司派出了经验丰富的总监理工程师及优良的监理工程师团队进驻现场。在总监理工程师领导下，监理部全体监理人员遵循职业准则，时刻贯彻我方的建设意图，运用科学手段使得质量、进度、投资三大目标得到很好的控制，安全管控零事故，对参建各方进行了有效的协调管理，履行了监理应尽的职责和义务。

我公司对贵公司的监理服务、派驻监理人员专业能力和在项目质量、安全、进度、造价控制方面的出色表现非常满意！希望与贵公司继续真诚合作，再创辉煌！

北京祥晟辉年置业有限公司
2024年9月29日

建设单位特别提及项目监理机构在防渗漏方面实施的一系列有效措施。首先，项目监理机构坚持制度先行，施工现场严格遵循"方案先行、样板引路"的原则，实施了总监交底制、安全主讲制、安全复核制和安全评比制四步工作法，并结合标准化流程，实现了全过程的透明建造体验。其次，项目监理机构制定了排查计划，召开了专题会议，设定了整改期限，并进行了整改验收报告，实现闭环管理。成功排查并跟踪处理了36处渗漏隐患，确保了住宅工程防渗漏措施的有效实施，达到了"零"渗漏的质量目标。

# 以责任成就使命　以服务助推复建城市新地标

## ——北京工人体育场改造复建（一期）项目

## 一、项目概况

北京工人体育场始建于1959年，是中华人民共和国成立十周年的献礼工程，作为北京"十大建筑"之一，承载着几代人的情感记忆和城市的历史文化风貌。改造复建后的新工体总建筑面积约38.5万$m^2$，为国际领先的专业足球场，在地铁接驳区域增加配套商业，成为城市更新的典范。

## 二、监理单位及其对监理项目的支持

北京诺士诚国际工程项目管理有限公司是北京市专精特新监理企业，拥有一支具有丰富现场管理经验的高素质团队。公司根据项目特点选派各专业骨干人员组成项目监理机构，同时公司的专家顾问组为现场提供多方位的专业技术支持，全面应用公司自主研发的"管酷云台"对现场进行智慧管理，及时发现并解决问题，展现了卓越的监理能力和高度的责任感。

## 三、监理工作主要成效

项目监理机构针对本工程工期紧、质量目标高、技术难度大的特点，制定了一系列具有针对性的措施：（1）实施了进度控制日报制度，逐日对比实际进度与计划进度的偏差，分析导致进度滞后的因素，及时发出预警，为确保工期目标的顺利实现提供了保障。针对质量和进度之间的矛盾，重点进行预防控制，并结合质量策划，力求一次达到优质标准。（2）加强图纸会审和二次深化设计的审核工作，积极提供合理化建议。例如幕墙工程天沟防水节点设计的优化建议被设计单位采纳，充分展现了监理团队的技术优势。（3）对于钢结构加工、预制看台板等场外工作，安排了全过程的驻厂监理。在各参建单位的共同努力下，本项目克服了重重困难，以高质量按期完成并交付。

本项目总监理工程师易伟强是一位资深的高级工程师，拥有注册咨询工程师和安全工程师执业资格，是北京市优秀总监。他以专业的素养和严谨的态度，带领团队精心监理，积极协调各方关系，为新工体项目的建设做出了重要贡献，赢得了各方的高度评价。

## 四、建设单位简况

本项目的建设单位为北京职工体育服务中心，该中心同时担任项目的产权所有者。项目的投资与管理职责由中赫工体（北京）商业运营管理有限公司承担。该公司致力于构建并运营高标准的体育商业综合体，以高规格的规划和高质量的建设为宗旨，积极推进项目的实施进程，为提升城市体育文化设施的整体水平做出了显著贡献。

## 五、专家回访录

2024年9月25日，北京市回访专家组对项目的建设单位就监理服务进行了回访。

建设单位表示，在本项目的建设过程中，总监理工程师展现出了非凡的领导才能和专业素养，带领监理团队高效运作。建设单位还强调了本项目的使命和意义，表达了对监理单位使用其自有平台"管酷云台"开展信息化监理成效的认可，圆满完成了为北京城市建设增添亮丽风景线的重大任务。

在项目实施过程中，项目监理机构展现了特别专业的职业素养，真正体现了"严格监理、热情帮促"。在质量控制方面，监理团队始终坚持高标准、严要求，从深化设计、方案审核、样板引路等方面做好预控，对每一个施工环节检查都细致入微。

北京职工体育服务中心
中赫工体（北京）商业运营管理有限公司

**建设单位评价函**

北京工人体育场改造复建项目如今已圆满竣工，过程中，北京诺士诚国际工程项目管理有限公司履责的监理工作发挥了至关重要的作用，在此，中赫工体（北京）商业运营管理有限公司特向贵单位致以诚挚的感谢，并对贵单位的监理工作给予高度评价。

建设过程中，贵单位展现出了高度的专业素养和敬业精神，所选派的监理团队成员均具备丰富的专业知识和实践经验，能够迅速熟悉项目情况，深入了解工程设计要求和施工规范，为后续的监理工作奠定了坚实的基础。得益于监理团队的高标准、严要求本项目的工程质量和进度得到了有力保障。同时，贵单位监理团队高度重视安全管理工作，本项目在建设过程中未发生任何重大安全事故。此外，贵单位坚守廉洁自律底线，坚持公正、公平的原则，赢得各方的信任和尊重。

综上所述，贵单位在北京工人体育场改造复建项目中的监理工作是卓有成效的。我们对贵单位的监理工作非常满意，并希望在今后的项目中能够继续与贵单位保持良好的合作关系。

北京职工体育服务中心　　中赫工体（北京）商业运营管理有限公司
2024 年 9 月 10 日　　2024 年 9 月 10 日

得益于监理团队的严格把关，本项目的工程质量一次成优。在进度控制方面，监理团队每天对工程进展和资源投入情况进行统计分析，准时报送日报，对滞后情况督促施工单位采取有效措施加快施工进度，有力保障了施工进度。同时，项目监理机构高度重视安全生产管理工作，本项目在建设过程中未发生任何安全事故。

# 注重过程控制　服务国家大科学装置
## ——北京怀柔多模态跨尺度生物医学成像设施项目

## 一、项目概况

多模态跨尺度生物医学成像设施项目系一项国家层面的重大科技基础设施建设项目。该项目坐落于北京市怀柔新城11街区，总占地面积6.67万$m^2$，总建筑面积7.2万$m^2$。整个项目包含六个独立的建筑单体，总投资4.9亿元人民币。

## 二、监理单位及其对监理项目的支持

北京鸿厦基建工程监理有限公司是建设部首批审定的甲级监理公司之一。该公司连续多年荣获北京市建设监理行业"先进单位"称号，所监理的项目多次摘得"鲁班奖"及"中国土木工程詹天佑奖"等殊荣。针对本项目具体特点，监理单位在人力资源配置、员工技术培训以及日常检查评估等方面，均给予了充分的支持与保障。得益于公司强有力的支持，项目监理机构能够切实保障工作质量，有力推动工程项目顺利完成。

## 三、项目监理机构主要工作成效

项目监理机构始终对质量控制给予高度重视，对发现的工程质量问题进行持续追踪，并验证所采取的纠正措施的实际效果。同时，采取必要的监理措施以确保施工质量符合设计和规范要求。对于各分部分项工程，项目监理机构从原材料进场之初便严格执行质量控制标准，根据相关要求进行见证取样、送样，对不合格的原材料坚决执行退场处理。在施工过程中，对于危险性较大的分部分项工程，项目监理机构加强巡视检查力度，一旦发现安全生产隐患，立即签发监理通知单要求施工单位整改。此外，项目监理机构还严格审核工程变更洽商和工程结算，确保其满足施工合同的约定。

项目总监理工程师王辙拥有高级工程师职称，持有注册监理工程师及注册安全工程师执业资格，在多项重点工程中担任关键岗位。

## 四、建设单位简况

北京大学作为教育部直属的全国重点高等学府，不仅位列"双一流""211工程"及"985工程"之列，还荣获了"学位授权自主审核单位""基础学科拔尖学生培养试验计划""基础学科招生改革试点""高等学校创新能力提升计划"以及"高等学校学科创新引智计划"等多项殊荣。

## 五、专家回访录

2024年9月11日，北京市回访专家组对本项目的建设单位进行了回访。

建设单位表示项目全体监理人员技术业务水平过硬，工作责任心强，组织协调能力出色，能够积极配合建设单位的各项工作。工程施工过程中严格执行各项施工规范。项目监理机构的重要作用具体在以下几个方面：

1. 严把质量关。项目建设严格按图纸、设计变更，工程洽商实施，既满足设计要求，又确保了工程质量。

2. 积极配合建设单位调整重要施工节点计划，并安排监理人员24小时工作不间断，发现质量及安全问题及时解决。

3. 按建设单位要求，建立日报制度，每天提交监理日报，内容准确详细，为施工质量控制及工程款结算提供了保障。

总之，建设单位对监理单位的管理水平和服务理念给予了充分肯定，为项目能按期交付作出了重要贡献。

**北京大学基建工程部**

**多模态跨尺度生物医学成像设施项目**

**评价函**

北京鸿厦基建工程监理有限公司承担了多模态跨尺度生物医学成像设施项目（1#装置一医学成像楼等9项）的监理工作，该公司自驻场以来为本项目配备了一支专业的监理团队，各专业配备齐全。在总监理工程师王辙带领下，全体监理工程师技术业务水平过硬，工作责任心强，组织协调能力强。他们认真执行相关施工验收规范标准及监理合同相关条款，及时有效解决现存出现的各种问题，定期、不定期与业主沟通，参与工程建设的有关技术工作，提供技术支持。在监理工作中，他们积极向业主、设计单位提出合理化建议并被采纳，积极协调合作单位之间的各种问题，并能得到各方的认可和意见统一。项目监理团队能够很好配合建设单位的管理工作，充分体现监理公司的技术与管理水平。作为建设单位，非常认可北京鸿厦基建工程监理有限公司委派到北京大学建设项目的全体监理人员，并希望今后的合作中继续密切配合，充分发挥双方单位的优势，为学校再创佳绩。

建设单位（公章）：北京大学
2024年9月9日

# 监帮结合　以高超技术和管理水平赢得尊重

## ——北京海淀仁和商务楼和敬老院项目

## 一、项目概况

北京海淀仁和商务楼和敬老院项目包括阜石路仁和商务楼、东商务楼、敬老院三个单体，其中海淀区集体产业阜石路东商务楼建筑面积5.1万$m^2$，建筑高度24m；海淀区阜石路仁和商务楼建筑面积3.8万$m^2$，建筑高度24m；阜石路敬老院建筑面积1.7万$m^2$，建筑高度18m。

## 二、监理单位及其对监理项目的支持

北京双圆工程咨询监理有限公司（简称"双圆监理"）是一家集多项工程咨询和监理服务于一体的综合性企业。自1988年起，公司作为全国工程建设监理的首批试点单位之一，获得工程监理甲级资质。至2004年，公司进一步被认定为北京市首批建设工程项目管理试点单位。公司充分发挥其技术与管理方面的优势，定期执行过程检查，及时识别并发现潜在问题，并指导相关人员采取措施予以解决，确保整个项目监理机构的运作始终保持在高效状态。

## 三、监理工作主要成效

本项目的总监理工程师罗镭拥有多年且极为丰富的工程咨询和监理经验。在他的带领下，项目监理机构充分发挥了其在技术和管理上的优势，始终从建设单位的角度出发，以建筑的运行和使用功能为导向，全面考虑运维和改扩建等市场需求，协助建设单位解决了工程创优、跳仓法、超大超深基坑、大空间管线综合排布等工程重大难题。面对专业能力不足的施工单位，监理团队敢于管理，能够以公平公正的态度与各利益相关方进行有效的沟通和协调，及时发现并应对项目中潜在的风险，推动项目按照建设单位的目标顺利完成竣工验收，各项监理工作获得了建设单位的大力支持和高度认可。

## 四、建设单位简况

北京市海淀区玉渊潭农工商总公司，其前身可追溯至1958年成立的玉渊潭人民公社及玉渊潭乡。经过六十多年的演变与发展，玉渊潭已从一个以工农业为主的乡镇，转型为一个集酒店、物业、置业三大专业集团于一体的综合性集团企业，同时涉足实业投资与资本运营领域。

## 五、专家回访录

2024年9月26日，北京市回访专家组对本项目建设单位就监理服务情况进行了回访。

建设单位指出，本项目采用了邀请招标方式，并以技术标为主要评审标准，商务标为次要评审因素来确定中标单位。最终，双圆监理公司脱颖而出，成为中标监理单位。建设单位对双圆监理公司在类似工程中取得的显著成绩、卓越的管理能力以及在行业内的良好声誉给予了高度认可，期望其能确保本工程各项目标的顺利实现。

建设单位表示，自监理团队进驻以来，团队成员齐心协力，积极主动，以项目总监理工程师的统筹协调为核心，统一行动，科学组织，精心安排，全力以赴地进行现场质量、进度、投资等方面的控制和安全生产的管理，成功实现了项目各项目标，为项目建设作出了显著贡献。

北京市海淀区玉渊潭农工商总公司

**建设单位评价函**

北京双圆工程咨询监理有限公司承接了我司建设的阜石路仁和商务楼项目、阜石路东商务楼项目、阜石路敬老院项目，项目监理机构自进场开展监理工作至工程竣工验收，项目监理机构全体人员齐心同力、主动作为，全力配合我司的统筹安排，步调一致、科学组织、精心部署、群力群策，全力以赴完成我司既定的各项施工节点目标及投资控制，既完成了工期目标又保证了工程质量。

项目监理机构在总监理工程师罗镭的带领下积极协调各方关系、严格按照技术标准及合同约定的要求把关，同时积极执行我司的相关文件要求，实现了本工程安全、质量、进度、造价等各项目标，为项目建设做出了积极贡献。

我司对项目监理机构全体监理人员的付出表示肯定，对北京双圆工程咨询监理有限公司在本工程中的尽职尽责及全力以赴表示感谢，希望贵司继续发扬双圆精神，一如既往地大力支持我司的工程建设，做出更大贡献！

建设单位：北京市海淀区玉渊潭农工商总公司（盖章）

2024年9月26日

建设单位特别强调了监理单位对现场提供的强有力的支持。双圆监理充分利用其技术和管理上的优势，建立了技术保障体系，在施工图纸和施工方案审核、施工技术论证、工程质量难题和关键技术问题解决等方面发挥了重要作用。此外，还定期执行过程检查和培训工作，以便及时发现并督促处理问题，确保整个项目监理机构始终处于高效运作状态。

# 智慧监理　阳光监理　科学监理
## ——北京诺德花园配套商业项目

## 一、项目概况

本工程为中铁顺兴房地产开发有限公司建设的顺义区后沙峪镇SY00–0019–6001、6003地块R2二类居住用地、SY00–0019–6004地块B1商业用地项目，规划总建筑面积68591.57m²，地上建筑面积33600m²，地下建筑面积34991.57m²，建筑高度36m，地上8层，地下3层。

## 二、监理单位及其对监理项目的支持

中基华工程管理集团有限公司拥有工程监理综合资质，建筑工程及市政公用工程施工总承包等资质。公司以北京作为管理中心，围绕雄安新区布局，已在全国成立了40余家分公司。

公司针对本项目采取了全过程信息化应用的管理模式，线上采用"监理通"软件系统优化内业资料整理、方案审批会商、远程实时交流；线下采用无人机航拍巡检和作业面移动式摄像头盯控相结合，强化施工终端监控，严格把控现场作业面施工安全和质量效果。同时利用公司的技术专家团队对项目监理机构提供支持和咨询，为项目提供很好的增值服务。

## 三、监理工作主要成效

总监理工程师王培培具有高级工程师职称，持有注册安全工程师执业资格。监理团队在总监理工程师的带领下运用公司配置的"监理通"软件，结合传统监理工作模式与信息化网络平台，实现了公司管理层与项目监理层之间的实时沟通。通过此方式，项目监理机构能够整合公司的资源，依据相关法律法规、技术标准及合同条款，对工程施工质量实施全过程控制，并能有效地监控施工进度和进行安全生产管理，协调现场各项管理工作，确保工程质量满足设计要求，并达到优良标准。同时，项目监理机构致力于节约和控制项目投资，确保项目投资的合理使用，以期为建设单位及项目本身提供更优质的监理服务。

## 四、建设单位简况

北京中铁顺兴房地产开发有限公司隶属于中国中铁集团。公司业务范围包括房地产开发经营、餐饮服务、游艺娱乐、非居住房地产租赁、商业综合体管理服务、停车场服务、酒店管理、企业管理以及信息咨询服务等。

## 五、专家回访录

2024年9月19日，北京市回访专家组对建设单位进行了本项目的监理服务回访。

建设单位对监理单位及其监理团队提供的专业服务表示了高度赞赏。认为项目监理机构在履行职责时，对施工预控工作做到了及时有效，能够与建设单位和施工单位进行有效沟通，提前解决问题。对项目的质量、进度、投资控制以及安全生产管理起到了重要作用，表现出了卓越的专业性和责任感，团队成员配备完整，体现了监理单位的专业实力和服务水平，为项目的成功实施和交付打下了坚实的基础。

监理单位为项目监理机构配备了完善的检测工具，为项目施工过程提供了数据支持，利用专业的信息化平台，实现了线上与线下相结合的工作模式。通过为各参建单位开通"监理通"软件端口，使各参与方对施工现场的管理更加及时和高效，极大地提升了工作效率。

北京中铁顺兴房地产开发有限公司

**感 谢 信**

中基华工程管理集团有限公司：

由贵公司承担监理的顺义区后沙峪 SY00-0019-6001、6003 地块 R2 二类居住用地、SY00-0019-6004 地块商业用地项目主体顺利完工。监理过程中贵公司监理人员技术水平过硬，工作能力强，面对项目工期紧、任务重等诸多困难，积极主动、勇于担当、攻坚克难，精心组织，积极协调各参建方有序开展工作，如期完成重要节点目标。

在项目实施过程中，现场监理工程师严格按照设计文件、规范要求，认真执行相关施工验收规范标准，保障各工序施工质量，展现出爱岗敬业、精益求精的工匠精神，充分体现出贵公司技术与管理水平和责任担当。

在此，对贵公司及项目全体监理成员的辛勤付出表示诚挚敬意和衷心感谢！希望贵公司在后续收尾工作中继续保持，并诚恳希望今后继续密切合作。衷心祝愿贵公司发展蒸蒸日上，再创佳绩！

北京中铁顺兴房地产开发有限公司
2023 年 12 月 10 日

# 履职尽责　严格监理　守护国防工程高质量建设
## ——211 厂天津能力提升建设项目 201b 总装测试厂房项目

## 一、项目概况

中国运载火箭技术研究院天津滨海新区产业基地201b总装测试厂房总建筑面积53475m²，由主厂房、设备辅助间和附楼三部分组成。主厂房为单层钢排架和门式刚架结构，最大跨度57m，最大高度32.3m，附楼为三层钢框架结构。该项目荣获了中国钢结构金奖。

## 二、监理单位及其对监理项目的支持

北京京航联工程建设监理有限公司具备房屋建筑工程及航天航空工程监理甲级资质。该公司为项目监理机构配备了专业齐全、人数充足的监理团队；同时，依托公司航天专家顾问组的强大实力，为项目提供了坚实的技术支持和指导培训，从而提升了监理工作的质量；此外，公司领导还经常与建设单位进行高效的高层协调，为项目提供了有力的管理支持。

## 三、监理工作主要成效

项目总监理工程师邹存贵具备高级工程师职称，持有注册监理工程师及一级注册建造师的执业资格证书。在其领导下，项目监理机构仔细分析了项目特点，与施工单位共同确认"关键工序控制点"，保障了项目顺利推进。实施过程中，监理团队严格执行材料验收、样板示范以及设备采购等关键环节的管理。对钢构件加工厂进行了14次的取样和检查；对自流平地面样板的质量进行了严格控制，为后续大面积施工打下了坚实的基础。为了保证升降地井设备的质量，先后与设备制造商等相关方召开协调会4次，经过历时6个月的共同努力，最终确定各项工艺标准。组织论证采用行车平台滑移施工方法进行网架施工，使之与地坪施工同时进行，既保证了工期，又降低了工程投资。总监理工程师牵头召开危大工程专题协调会27次，确保了屋面网架及附楼钢结构的施工质量、安全生产以及进度目标的全面实现。

## 四、建设单位简况

中国运载火箭技术研究院成立于1957年，著名科学家钱学森任第一任院长，是我国航天事业首个正式研制基地，成功地将"东方红一号"卫星送入太空。现有北京、天津、山西、河北等产业基地。

## 五、专家回访录

2024年9月11日，天津市回访专家组对本项目的建设单位进行了深入访谈。

建设单位代表表示，项目监理机构的专业人员配置符合合同约定，并且具备满足监理工作需求的专业能力。总监理工程师展现了卓越的组织协调和管理才能，全体监理人员恪尽职守、诚信可靠、自律廉洁。得益于监理单位提供的专业技能培训和定期检查指导，监理人员全面履行了合同中约定的职责，达到了项目招标时设定的标准和预期。

项目监理机构在预防控制方面表现出色，为工程建设提供了前期的预防提示和优化建议。例如，在施工方案审核过程中，提出的预防措施和合理化建议被采纳后，取得了显著成效。对钢结构吊装、顶升、焊接等

### 中国运载火箭技术研究院

**建设单位评价函**

北京京航联工程建设监理有限责任公司，承担了中国运载火箭技术研究院天津滨海新区产业基地201b号总装测试厂房监理任务。在天津经济技术开发区建设工程管理中心的指导和支持下，项目监理人员积极配合建设单位、施工单位，公正、独立、科学地开展监理工作，历时三年多的辛勤工作，圆满完成了项目委托监理合同中约定的服务内容。

该项目监理部人员结构合理，专业之间分工明确、配合默契，测量检验工具齐全，操作专业；能够时刻牢记以建设单位要求为服务准则，熟知各专业规范，对图纸了然于胸，一次次将优质的技术服务展现于监理工作之中。在本项目监理过程中实行科学管理、运用科学手段进行质量控制、进度控制、投资控制及安全文明施工管理，坚持高标准、严要求，敬业拼搏，精益求精，严把验收关，展现了监理人员的高水准监理素质。在监理过程中始终主动同建设单位积极沟通，尽最大程度地听取意见和建议，同时能够有条不紊地协调好各参建方之间的关系，使项目建设始终处于高效有序的进度当中，体现了监理单位恪尽职守的高超职业素养。

希望贵公司继续保持和发扬精益求精的精神，高质量完成后续项目监理工作。

建设单位：（盖章）
2024年09月日日

工序进行了现场监管，确保了项目在质量与安全生产方面无任何事故的发生；在防水材料的选择上进行了细致地考察，从技术和商务两个维度控制投资。同时，主动协调各参建方，克服了诸多不利因素的影响，确保项目按时完成，为项目的顺利投产发挥了至关重要的作用。

# 发挥技术与管理优势　确保基础设施工程圆满交付

## ——天津地铁 10 号线一期项目

## 一、项目概况

天津地铁10号线一期工程土建监理第4合同段：二号桥站（后更名为龙涵道站）～屿东城站～一期终点，共计7站8区间，车站总建筑面积约109814m²，区间长度约4666m。最大基坑深度26.3m，总投资额约23.4亿元人民币。

## 二、监理单位及其对监理项目的支持

天津国际工程建设监理有限公司作为天津市首批获得工程监理综合资质的大型国有企业，已成功承接逾千个重点项目，荣获包括"鲁班奖"在内的各类奖项近百项。

为适应项目需求，公司组建了一支专业全面、人数众多的专家团队，一方面充分利用技术优势，为项目监理机构在人员培训、方案审核等关键环节提供坚实的技术支持；另一方面，定期与公司各部门联合组成检查组，深入项目现场，从管理角度提供全面而有效的支持。

## 三、监理工作主要成效

本项目总监理工程师高海超长期深耕轨道交通工程监理领域，积累了深厚的项目管理经验和专业知识。其管理理念与建设单位保持高度一致，确保了项目的顺利进行。在其领导下，监理团队恪守"公平、独立、诚信、科学"的职业准则，将优质服务融入日常工作的每一个环节，运用专业技能对工程质量、进度和投资进行严格控制，对安全生产、文明施工进行有效的管理，忠实地履行了合同规定的监理职责和义务。项目监理机构中各岗位人员紧密协作，高效运转，充分展现了监理在工程建设中的重要作用，为建设单位提供了卓越的监理服务。

## 四、建设单位简况

天津市地下铁道集团有限公司的前身为天津市地下铁道总公司，是天津市政府批准设立的大型国有企业，承担轨道交通规划、投融资、建设管理、运营管理和经营开发职能。

## 五、专家回访录

2024年9月19日，天津市回访专家组对本项目的建设单位进行了访谈。

建设单位代表表示，本项目在实施过程中遭遇了诸多挑战，包括地质条件恶劣、穿越重要基础设施、存在众多危险区域、安全风险较高以及工期要求严格等问题。项目监理机构配置的监理人员专业齐全，具备高度的职业素养和专业能力，始终对施工组织设计及各项专项施工方案进行严格审核，并对方案的实施进行严格监督。监理团队通过巡视、旁站、见证取样、平行检验等多种手段，对涉及施工质量与安全生产的关键环节进行了精准控制和严格管理，确保了项目的顺利进行。

建设单位代表特别指出，监理团队在预防控制方面的工作做得非常充分，对施工任务进行了细致的分解，并运用监控、对比、分析、协调等方法优化了施工工艺，为项目施工提供了坚实的技术支持。

建设单位代表强调，监理团队对建设单位的帮助极为显著，其在项目中所发挥的作用充分证明了监理在重大市政基础设施项目建设中的不可或缺性。

**天津市地下铁道集团有限公司**

**关于天津地铁 10 号线一期工程监理的评价函**

中国建设监理协会：

天津地铁 10 号线一期工程是天津市重点工程、民生工程。我单位于 2015 年与天津国际工程建设监理有限公司签订该工程监理委托合同。

根据本工程的特点以及我方的要求，天津国际工程建设监理有限公司组建了项目监理部进驻现场，在总监理工程师的领导下，项目监理部全体监理人员遵循"科学、诚信、公正、守法"的职业准则，时刻贯彻我方的建设意图，把优质服务体现于监理工作之中。

经过多年合作，我们认为，天津国际工程建设监理有限公司作为天津监理行业的资深企业，是值得信赖的监理合作伙伴，充分发挥了监理行业在工程建设领域中不可或缺的作用，为天津地铁建设发展提供了最优质的监理服务。

特此函达。

# 以优质的监理服务实现工程质量目标

## ——秦皇岛海滨路东西延伸工程一标段项目

## 一、项目概况

秦皇岛海滨路东西延伸工程一标段含道路、桥梁、排水、路灯及绿化等交通配套设施。全长7.6km，总投资10.3亿元人民币。桥梁采用混凝土箱梁桥、等截面及变截面钢箱梁桥型式，横跨多条铁路、城市主干道，并跨大汤河，结构复杂。

## 二、监理单位及其对监理项目的支持

承德城建工程项目管理有限公司专注于全过程工程咨询，业务涵盖工程监理、造价咨询、招标代理及工程设计等多个行业，是一家综合性工程咨询机构。公司监理的项目获河北省"安济杯"奖项超过五十项，且有多个工程荣获"鲁班奖"和"国家优质工程奖"。为确保本工程质量，公司选派了各类专业监理人员组建项目监理机构，并组建了专家顾问团队为项目监理机构提供管理与技术支持。

## 三、监理工作主要成效

本项目总监理工程师宗华山是一位拥有25年工程实践经验的高级工程师。在项目监理机构的持续努力下，尽管遭遇了疫情、汛期及交通障碍等多重困难，工程依然按照既定计划完成并顺利通车，成功实现了预定的工期目标。该项目荣获了2022～2023年度"国家优质工程奖"。在监理过程中，为项目量身定制的各项监理工作制度，确保了审批和验收等关键环节的质量；在工程计量和变更签认过程中，严格遵循合同条款，获得了建设单位的高度评价。通过运用办公软件、信息平台和BIM技术，提升了工作效率，并确保了监理资料（包括影像资料）的同步性、有效性和完整性。

## 四、建设单位简况

秦皇岛市市政工程建设服务中心主要承担市政工程项目的前期筹备工作，涉及项目立项、可行性研究以及施工许可的获取等环节；同时，该中心亦负责组织项目工程的招标和政府采购事宜；其工作范围还包括项目的建设、验收直至最终的移交过程。

## 五、专家回访录

2024年9月21日，河北省回访专家组对本项目进行了实地考察和回访。

建设单位代表强调，工程之所以能够高质量按时完成，与项目监理机构的辛勤付出和卓越的履约表现密不可分。具体而言，项目监理机构在以下几个方面表现尤为突出：

1. 恪守监理合同条款，确保监理人员按照招标文件要求的人员数量和专业进驻现场。

2. 对工程材料的使用实行严格控制，采用信息化管理系统对材料的见证送检进行全过程监管，确保监管无死角。

3. 委派监理人员驻场监理桥梁钢构件的制造过程，全面控制焊接质量，并对钢构件的生产进度进行实时监控，发现问题及时处理并向建设单位反馈。

**秦皇岛市市政工程建设服务中心**

**关于海滨路东西延伸工程一标段监理工作的评价函**

承德城建工程项目管理有限公司：

我中心建设的海滨路东西延伸工程一标段，获得了2022-2023年度国家优质工程奖。监理工作由承德城建工程项目管理有限公司承担。秦皇岛市委、市政府对本工程高度重视，连续两年列入民生实事工程，项目含道路、桥梁，全长7.6公里，总投资10.3亿。根据工程特点以及我方要求，承德城建公司认真履行合同，派出经验丰富、专业齐全的监理专业团队进驻现场，运用BIM、网络平台等科学手段保证了质量、进度、投资三大目标的控制及安全文明施工管理，对参建各方进行了有效的协调工作，发挥了重要的作用。

工作中，监理人员充分体现出高度的职业道德和责任感，监理机构风气正、思想纯、作风硬，未发生任何违规违纪现象。在疫情关键时刻坚守监理一线，为项目顺利实施和交工创造了良好的外部条件。

经过本项目的合作与考察，我们认为承德城建工程项目管理有限公司值得信赖！并希望今后能继续开展更多的合作！

建设单位：秦皇岛市市政工程建设服务中心
2024年9月21日

4. 面对复杂的施工环境，监理人员不畏辛劳，持续进行巡视检查，确保及时发现并处理问题。

综上所述，监理团队充分展现了技术过硬、控制严格、服务周到的工作作风，确保了工程一次性验收合格并顺利投入使用，同时避免了安全生产事故的发生，项目荣获"国家优质工程奖"。

# 项目管理监理一体化　优质高效服务创佳绩

## ——唐山市委党校迁建项目

## 一、项目概况

　　唐山市委党校迁建工程，位于唐山市丰南区春阳街与源盛路交叉口东南角，总建筑面积117331.76m²，由教学楼、报告厅、文体馆等21个单位工程组成。工程集剪力墙结构、型钢混凝土结构、装配式结构及被动式超低能耗新兴技术等多种形式。

## 二、监理单位及其对监理项目的支持

　　河北理工工程管理咨询有限公司具备多项监理甲级资质，涵盖房屋建筑工程、市政公用工程、冶炼工程、电力工程等领域。先后荣获河北省"先进工程监理企业"、监理企业信用等级3A级、唐山市"建筑工程质量管理先进企业"等多项荣誉。公司依托智慧管理平台、BIM技术支持、岗前针对性培训以及现场检查指导等手段，为项目监理机构提供全方位的技术、管理及资金支持。此外，公司还依托专家团队，会同项目监理机构在项目管理、关键技术节点控制等方面进行充分论证，提供技术指导，确保了监理工作的顺利实施。

## 三、监理工作主要成效

　　本项目实施项目管理与工程监理服务相结合的综合管理模式。项目总监理工程师王羽凭借其深厚的行业经验和敬业精神，领导项目监理机构扎实开展各项监理工作。在全面履行其常规监理及项目管理职责的同时，还向建设单位提供了多项增值服务。具体而言，首先，针对项目实施过程中的关键节点和难题，项目监理机构提出了六项合理化建议，总计节约工程投资超过1300万元。其次，公司采用智慧化管理系统，对项目监理工作进行了全程监控，显著提高了现场监理工作的效率。最后，监理团队运用BIM技术，提前识别并解决了工程技术问题，实现了预控管理，为该项目荣获河北省"优质工程金奖"提供了坚实的支持。此外，面对疫情封控等不利条件，项目监理机构采取了有效的进度管理措施，确保了项目按期投入使用，获得了市委领导的高度赞誉。

## 四、建设单位简况

中共唐山市委党校作为学习和宣传习近平新时代中国特色社会主义思想的关键平台，致力于推进党的思想理论建设，同时作为市委和市政府的新型高端智库发挥着重要作用。目前，该校设有8个教研室、3个教辅处室以及7个行政处室，具备容纳1000名学员的学习能力。

## 五、专家回访录

2024年9月20日，河北省回访专家组对本项目的建设单位进行了回访。

中共唐山市委党校有关负责同志介绍了项目建设的总体情况，该项目建设周期历时两年，不仅工期紧，而且涉及建筑结构形式多，既有普通钢筋混凝土结构，又有型钢混凝土结构，而且超危大工程多，使用新型材料多，给监理服务及项目管理提出了更高的要求。建设单位认为本项目能够顺利交付使用，监理单位发挥了至关重要的作用。主要体现在以下几方面：

1. 公司领导重视，项目团队配备强。公司领导直接深入现场，对接建设单位及时处理问题。项目监理机构的监理骨干人员均为具有多年实践经验的监理工程师。

2. 技术水平高，服务意识强。监理人

**中共唐山市委党校（唐山行政学院）**

**关于市委党校迁建项目的评价函**

河北理工工程管理咨询有限公司：

市委党校迁建项目采用 EPC 建设模式，由贵公司承担"项目管理+工程监理"一体化工作。

作为唐山市重点项目，市委党校迁建项目自建设之日起即受到了市委市政府重点关注，项目建设意义重大。在项目建设过程中，贵公司组建了包括 5 名全国注册监理工程师在内强有力的项目管理团队和项目监理机构。在项目管理及监理服务中，贵公司各职能部门及项目团队各司其职，兢兢业业，制定行之有效的监理工作制度，工作认真负责，坚持原则和底线，科学公正的监理，热情周到的服务，全面进行了工程质量、安全、进度、投资等各方面的管控，圆满完成了建设任务。在质量、进度、造价和安全方面都达到和招标时的预期目标，并获得省优质工程奖，我校对监理单位的服务非常满意。

中共唐山市委党校（唐山行政学院）
2024 年 09 月 20 日

员充分利用自身的经验，对原材料使用、施工技术节点及超危大工程提前提出预控性要求，严格控制施工质量，积极开展安全生产管理。针对工期紧任务重，监理人员加班加点进行验收，特别是疫情期间，监理人员更是吃住在现场，从没因自身原因影响施工进程。

3. 监理资料记录及时准确，为竣工结算审计提供翔实依据。本工程竣工后经过多次省市级审计，对监理资料的记录均表示认可。

总之，该监理团队的各项工作非常突出，为本项目的顺利建成并交付做出了巨大贡献。

# 运用信息化手段提供高质量监理服务

## ——井陉县非物质文化遗产博物馆项目

## 一、项目概况

井陉县非物质文化遗产博物馆[①]项目是石家庄市重点工程，总投资1.89亿元人民币，总建筑面积为29990m²，地下一层，地上四层，地上建筑由市民活动中心、图书馆、文化馆和非遗学术报告厅4个互相连通的楼座组成。

## 二、监理单位及其对监理项目的支持

河北中原工程项目管理有限公司是一家能够提供工程咨询、招标代理、工程造价评估以及工程监理等多元化服务的综合性企业。多年来，因其卓越表现，荣获国家、省级及市级建设行政主管部门和行业协会颁发的多项荣誉。公司充分利用其在招标代理、造价咨询、工程监理等方面的资质优势，从项目管理的复合型人才配置、BIM技术服务，到招标方案的策划、材料设备的询价、专家现场论证、外部协调以及相关手续的协办等环节，可以为项目的成功实施提供有效的支撑。

## 三、监理工作主要成效

项目监理机构始终秉持"一切为了项目"的核心工作理念，严格履行监理职责，在监理单位的全力支持下，监理团队以全过程工程咨询的视角，积极向建设单位提供多样化的专业和高效增值服务。鉴于本项目面临工期紧迫、施工场地有限、外立面设计复杂以及资金紧张的挑战，监理单位引入了BIM技术咨询增值服务，有效提升了工程设计与施工管理的数字化程度，显著降低了设计变更和现场返工的频率。即使在疫情影响下，本项目仍较原计划提前66天完成，并荣获河北省"结构优质工程奖"及"安济杯"奖项。

---

① 又名井陉县文化中心。

总监理工程师刘博具有高级工程师职称，拥有20年的工程监理及项目管理经验，曾承担石家庄市第二医院、无极县医院等多个重大项目的监理工作，均获得了建设单位的高度评价和赞誉。

## 四、建设单位简况

井陉县政府投资项目代建中心作为井陉县政府投资项目统一建设管理的专职机构，承担着县政府投资项目（涵盖学校、医院、公益场馆、消防工程等）的建设管理任务，履行项目建设单位的职能，在项目竣工验收后，将项目交付给使用单位。

## 五、专家回访录

2024年9月18日下午，河北省回访专家组对本项目的建设单位进行了访谈。

建设单位代表全面评价了监理单位及项目监理机构的履约情况，认为监理单位对本项目高度重视，给本项目配备了专业齐全的人员和相应的设备。监理人员责任心强、专业度高，监理工作严格到位、发现问题及时解决。尤其是在项目外立面造型非常复杂且建设单位资金紧张的情况下，监理单位提供了BIM技术咨询增值服务，有效降低了项目的投资风险。

建设单位特别指出：本项目监理机构的监理团队人员配置合理，不但按合同要求配备人员到位，当现场需要时监理单位还额外增派相关专业人员到场服务支援。

关于监理服务质量，建设单位表示监理团队工作认真负责、规范严格，遇到问题时

**井陉县政府投资项目代建中心**（函）

**关于井陉县非物质文化遗产博物馆项目监理工作评价的函**

河北中原工程项目管理有限公司：

井陉县非物质文化遗产博物馆项目是市重点工程，我们通过公开招标确定了河北中原工程项目管理有限公司承担本项目的监理工作。

贵公司配备了经验丰富、年富力强的监理团队，工作中认真负责、严格监理，对工程质量、进度、投资三大目标进行了系统的管理控制，同时也提供了专业、高效、超值的监理服务。整个监理过程始终贯彻"一切为了项目"的工作理念，充分发挥监理公司总部的技术优势和管理优势，站到全过程工程项目管理的角度，积极协助我们跑办和协调相关部门的工作，为我们提出了许多非常有益的建议和方案。尤其是不计成本为我们提供了免费的BIM技术服务，提升了工程设计与施工管理的数字化水平，还实现了多专业之间的高效协同作业，减少了设计变更及现场返工的情况，有效控制了成本，保证了工期和质量。

总之，我们对本项目的监理工作是非常满意的。

井陉县政府投资项目代建中心

二〇二四年九月十八日

还会积极给出合理化建议并监督落实，体现了监理单位的高质量履约。建设单位还特别强调了由于项目监理机构监理日志记录得翔实准确，帮助建设单位和施工单位顺利解决了一起农民工工资纠纷问题。

# 发挥化工专业优势　推进项目建设标准化管理

## ——沧州航天氢能装备沧州制造基地项目

## 一、项目概况

航天氢能装备沧州制造基地项目位于沧州高新区技术开发区，占地59.853亩，是河北省重点项目，主要建设生产水电解制氢设备用工业厂房、生产线以及综合配套附属设施。项目建成后可年产200套大型可再生能源水电解制氢和加氢设备。

## 二、监理单位及其对监理项目的支持

山东鲁润志恒工程管理有限公司具备房屋建筑工程、化工石油工程、市政公用工程监理资质。经过多年发展，公司已成长为一家提供全过程工程咨询服务的企业，业务涵盖工程招标、工程监理以及工程造价咨询。为确保监理工作的顺利实施，公司为项目监理机构提供了全面的支持，包括人员的合理配置、专业培训、设施的完善配备、日常的严格检查以及制度的健全保障。此外，公司充分利用在化工领域积累的深厚经验，为项目建设提供了标准化管理的全面策划。

## 三、监理主要工作成效

项目监理机构在创新监理模式、构建信息化平台、应用BIM技术、实施质量控制精细化、推进安全生产管理智能化、加强绿色环保监控、优化合同管理以及强化团队协作与培训八个方面取得了显著成效。监理团队坚持实施标准化管理，制定了标准化服务流程，并借助项目管理软件、BIM技术等辅助工具，进行风险预测和动态控制，成功地完成了监理任务，赢得了建设单位的高度评价。

该项目总监理工程师张在春是一位资深的高级工程师，持有注册监理工程师和一级建造师执业资格证书，还是多项团体标准，包括《化工建设工程监理规程》《建筑工程质量管理标准》《建筑工程安全管理标准》的编制者之一。

## 四、建设单位简况

航天思卓氢能（沧州）有限公司隶属于中国航天科技集团。公司致力于新兴能源技术的研发，同时经营加氢站及储氢设备的销售。此外，公司还涉足新材料、新技术的研发与推广服务，提供储能技术服务，以及电池制造、销售和租赁等多元化业务。

## 五、专家回访录

2024年9月19日下午，河北省回访专家组对本项目的建设单位就监理服务情况进行了实地回访，中国建设监理协会会长王早生亦出席了此次回访活动。

航天思卓氢能（沧州）有限公司总经理张磊等作为建设单位代表，接受了专家组的回访。

建设单位代表对项目监理机构表达了极高的满意度。他们选择监理单位的初衷，是希望寻找一家在化工领域具有专业背景的企业，借助监理人员在该领域的丰富经验和专业技术优势，确保本项目对化工的专业要求得以在设备制造环节中得到充分体现，为项目的顺利投产打下坚实基础。

建设单位特别强调，对监理单位在项

**沧州天瑞星光热技术有限公司文件**

关于航天氢能装备沧州制造基地项目监理的评价函

山东鲁润志恒工程管理有限公司：

航天氢能装备沧州制造基地项目采用EPC总承包建设模式。主要建设生产水电解制氢设备用钢结构生产厂房、水电解制氢设备生产线及综合配套附属设施。项目建成后可年产200套大型可再生能源水电解制氢和加氢设备。

贵公司监理团队坚持以标准化管理为核心，从设计管理、进度、质量、安全到造价等各个方面为本项目提供了优质、高效、满意的监理服务。监理人员具备卓越的专业能力和职业操守，他们不分昼夜、不畏寒暑坚守在项目一线，尽职尽责。在监理过程中，运用BIM技术、无人机技术及项目管理软件等先进辅助手段，进行风险预测、动态控制，确保了监理工作的精准高效；通过每天碰头会、日报、周报，各专项内容专题梳理、总结会等方式落实好监理合同委托的服务内容；他们充分发挥桥梁纽带的作用，协调各方关系，确保了本项目的顺利竣工。

作为项目建设单位，我们对贵公司在该项目监理工作中认真、敬业、负责的工作态度和工作成效表示衷心的感谢！

沧州天瑞星光热技术有限公司

2024年9月19日

目推进过程中所发挥的作用以及对现场监理工作的支持感到满意。项目监理机构对建设单位的要求执行彻底、管控得当，确保了项目建设过程中实现"零"事故。符合建设单位选择监理单位的初衷。

此外，建设单位还特别指出，得益于项目监理机构的努力，厂房内燃气辐射采暖设备的安装施工质量和运行安全得到了有效控制。在竣工验收过程中，该工作得到了建设单位、环保等多部门的一致好评。

# 优质监理服务　实现工程建设"快、优、省"

## ——山西阳煤集团太化（搬迁）化工新材料园区 配套及迁建项目

## 一、项目概况

阳煤集团太化（搬迁）化工新材料园区配套及迁建项目系山西省重点项目，坐落于太原清徐经济技术开发区，总投资额21.4亿元人民币，占地面积3000亩。该项目投产后的生产能力为：氢气4万$m^3$/h，氨醇24万吨/年，硝酸20万吨/年，以及硫酸24万吨/年。建设周期为36个月。

## 二、监理单位及其对监理项目的支持

山西诚正建设监理咨询有限公司隶属于华阳新材料科技集团有限公司，具备房建、市政、电力、矿山监理甲级资质，以及石化、机电、公路、通信、铁路工程监理乙级等资质。为确保项目顺利进行，公司选派了有同类工程经验的监理人员组成项目监理机构，并对项目进行定期的检查与指导。同时，公司还委托集团公司下属的检测中心派员进驻项目现场，加强平行检验试验工作。

## 三、监理工作主要成效

本项目的总监理工程师为高级工程师刘青槐，先后荣获省级优秀总监及"五四"杰出青年总监等殊荣。在其领导下，监理团队秉持预控为先，从细节处着手，以质量标准化为标杆，通过数万次科学规范的复核检查，确保了55000个螺栓埋件的质量，实现了事前控制与事中控制的有效融合。在项目监理机构与参建各方的共同努力下，该项目自始至终未发生质量、安全生产事故，并提前35天完工投产，为建设单位节省了2004.5万元人民币的投资成本及7000万元人民币的贷款利息。其中，硝铵主厂房更是荣获了山西省"汾水杯"质量奖及煤炭行业的"太阳杯"质量奖，确保了项目建设达到"快速、优质、节省"的目标。

## 四、建设单位简况

阳煤集团太原化工新材料有限公司是隶属于华阳集团的一家国有企业。所辖产业园区占地2835亩，投资134.8亿人民币。园区内设有18套化工生产装置，包括年产20万吨的己内酰胺、14万吨的己二酸、40万吨的硝铵以及10万吨的尼龙等产品，是一个将煤化工与石油化工相结合的综合性化工新材料产业园区。

## 五、专家回访录

2024年9月25日，山西省回访专家组对本项目的建设单位进行了回访。

建设单位领导表示，监理团队克服专业施工单位多，地基处理复杂，工程整体施工难度大等困难，凭借其专业技能和出色的组织协调能力，确保了工程的顺利推进。监理单位还利用自身配备的试验室，为项目质量提供了双重保障。

项目监理机构提出了多项合理化建议，仅在地基与基础一项上，便为建设单位节约了2004.5万元的项目投资。通过项目监理机构与其他参建单位的通力协作，工程建设未发生质量和安全生产事故，园区的246个单位工程一次性通过了验收，提前35天点火投产，从而节省了7000万元的贷款利息，提前实现了经济效益。

建设单位对项目监理机构给予了高度评价，认为监理团队专业配套齐全，年龄结构合理，业务能力强，堪称"工程好卫士"，并表达了希望双方未来能继续合作的意愿。

### 阳煤集团太原化工新材料有限公司函

#### 对山西诚正建设监理公司的评价

自山西诚正建设监理咨询有限公司承接我阳煤集团太原化工新材料有限公司搬迁项目的监理工作以来，该监理公司选派了经验丰富、年龄结构合理、专业配套的监理人员组成项目监理机构，同时依托监理本企业的检测中心常驻项目，助力监理进行平行检验试验，为工程质量上了"双保险"。该公司以高度的责任感、专业的技术水平和严谨的工作态度，为项目的顺利推进发挥了重要作用。

项目监理机构以"安全第一、质量并进"为准则，依法认真履行监理职责，与参建各方同努力，保障了项目建设过程中未发生任何安全质量事故的良好局面。凭借监理过程中客观翔实的原始记录，帮助甲方审减金额2004.5万元。工程提前35天投产，全部单位工程一次性通过竣工验收，多个单位工程获煤炭行业"太阳杯"质量奖，其中硝铵主厂房获省"汾水杯"奖（山西省优质工程最高奖）。

从项目建设前期准备阶段到整个建设过程的日日夜夜，到2万余册工程资料顺利归档；监理单位真正帮助我们业主把项目建设好，当好了一个"管家"。

在此，我专特向诚正监理公司所提供的卓越监理服务表示最诚挚的感谢。期待在未来的改扩建技改项目中，能继续与诚正监理公司保持良好合作，共创更多的优质工程。

阳煤集团太原化工新材料有限公司

# 持之以恒志存高远  严格监理高效服务
## ——丹东六纬路小学新区分校项目

## 一、工程概况

丹东六纬路小学新区分校项目包括1号和2号教学楼、3号和4号综合楼、5号门卫以及6号看台等单位工程。该项目坐落于丹东市新城区，位于国瑞路南侧、金河大街西侧，总建筑面积1.77万m²，总投资额1.85亿元人民币。

## 二、监理单位及其对监理项目的支持

辽宁恒远工程管理有限公司具有房屋建筑、市政公用工程监理甲级资质以及电力、机电安装工程监理乙级资质。公司精心挑选技术精湛、经验丰富的监理人员组建了项目监理机构，配备先进的信息化及检验检测设备，并组织监理人员进行业务培训。公司充分利用自身专家委员会的专业优势，定期派遣专家到项目监理机构进行检查与指导，确保项目建设目标得以顺利实现。

## 三、监理工作主要成效

项目总监理工程师吕游具有注册监理工程师执业资格，有深厚的工程管理及监理经验。在其领导下，项目监理机构在工作中重视事前准备、事中检查、事后验收，并积极实施风险评估与预警机制，以加强施工现场的质量控制与安全生产管理。监理团队秉持严谨、细致的职业精神和专业素养，通过现场巡视、旁站和平行检验等手段，对发现的工程质量问题和安全生产隐患及时签发《监理工程师通知单》，共计32份。同时，监理团队跟踪检查施工单位的整改落实情况，确保了工程质量和安全文明施工，获得了建设单位和施工单位的高度评价和认可。在监理人员和参建各方的共同努力下，本项目不仅圆满完成了各项建设任务，还取得了显著的社会效益。1号和2号教学楼荣获"辽宁省建设工程优质结构"称号。

## 四、建设单位简况

丹东边境经济合作区建设管理局是政府行政管理部门，代表政府投资新区基础设施和公建项目建设。在本项目中，管理局以工程进度、质量、安全、投资为主要管理目标，制定项目总体规划，确定各项标准，实现对工程项目的整体把控。其负责的建设项目不仅推动了区域均衡发展，更加强了地区基础设施建设，促进了经济发展，提升了社会影响力，为丹东市的长远发展贡献力量。

## 五、专家回访录

辽宁省回访专家组对本项目的建设单位进行了回访。

建设单位代表表示，自项目监理机构进驻以来，各专业人员的配置满足合同要求且专业能力满足监理工作需要。其工作遵循规范，严格依照监理合同以及相关法律法规、标准和规范执行，取得了显著的工作成效，成功实现了监理工作的既定目标。总监理工程师有很强的组织协调和管理能力；全体监理人员履职尽责、诚实守信、廉洁自律。在监理单位提供针对性技能培训、定期检查指导等措施的鼎力支持下，全面履行了监理委托合同约定的职责，达到了监理招标时的要求和期望。

**丹东边境经济合作区建设管理局**

关于丹东六纬路小学新区分校建设项目
监理服务评价函

对辽宁恒远工程管理有限公司在项目实施过程所展现出的专业监理精神、高效服务及严谨态度表示衷心的感谢。自项目启动以来，做为监理服务提供方，不仅确保了工程质量与安全，还有效推动了工程进度，为项目的顺利进行奠定了坚实基础。

我单位对贵单位在本项目的监理服务进行了全面评估，高度评价了监理团队的专业性和敬业精神。在项目建设过程中，监理团队坚守岗位，深入一线，尽职尽责，确保每项工程细节符合规范要求。特别是监理团队在应对突发问题时展现出应变能力和专业素养，与各参建方建立良好沟通机制，协调各方利益，为项目和谐推进创造了有力条件。

综上所述，我单位对贵单位的监理服务给予高度评价，期待未来继续合作！

丹东边境经济合作区建设管理局

2024 年 6 月 12 日

建设单位进一步强调，监理单位在本项目建设过程中起到了不可或缺的作用。在项目实施过程中，监理团队有着高度的责任心和敬业精神，对施工质量和安全生产进行全方位监管，没有发生任何质量及安全生产事故的。此外，监理单位还积极探索和应用新的监理方法，引入智能化监控系统辅助现场管理，提高了工作效率与准确性；主动协调参建各方，克服疫情等不利影响，保证了项目进度。同时，通过全面监督和有效管理，在确保质量和安全的前提下，有效控制了项目投资，协助解决了工程中出现的各种纠纷，为工程建设的顺利推进提供了坚实的支撑。

# "监、帮、促"相结合　提供优质监理服务
## ——龙井市第四中学教学楼项目

## 一、项目概况

　　龙井市第四中学教学楼建设项目位于龙井市安民街道平安胡同龙井市第四中学校园内。建筑面积7500m²，教学楼地上5层，钢筋混凝土框架结构，整体高度25.5m，屋面采用具有民族特色的韩式瓦造型。本项目总投资1950万元人民币。

## 二、监理单位及其对监理项目的支持

　　吉林博业工程建设咨询有限公司拥有房屋建筑、市政公用工程监理乙级资质、招标代理甲级资质以及造价咨询乙级资质。公司秉持精益求精、优质服务的经营理念，确立了本项目"注重质量，强化服务"的工作目标，致力于加强质量控制与服务能力的培养，提升监理工作的标准化管理水平，全面提高监理服务的质量。公司定期对项目监理机构的资料进行审查，确保这些资料能够全面、客观、真实地反映监理工作实况。

## 三、监理工作主要成效

　　项目总监理工程师董伟具有高级工程师职称，其承担的项目多次荣获省级、州级及市级优质工程奖项。在他的领导下，项目监理机构恪守《建设工程委托监理合同》中规定的监理职责，严格按照设计图纸及规范标准开展监理工作，让科学性与公平性得到充分体现。监理团队采取以预控管理为主导，结合"监督、协助、促进"的工作原则，推动监理工作水平持续提升。

　　实施过程中，项目监理机构特别强调质量的过程控制和安全生产管理，这是确保工程质量和安全生产的关键。对日常巡视中发现的问题及时签发监理通知单要求施工单位整改。得益于各方的共同努力，本工程获得结构优良奖、2020年度州级标准化示范工地、2020年度吉林省施工标准化管理示范工地以及2023年度延边州建筑工程质量"天池

杯"奖等荣誉。

## 四、建设单位简况

龙井市第四中学始建于1958年5月，为龙井市区唯一一所汉族初级中学。近年来，学校实施"以人为本，依法治校，质量立校，规范创新，求实重效"的治校方略，全力改造办学环境，为全面提高学生核心素养和培养学生的综合能力提供了有力保障。

## 五、专家回访录

吉林省回访专家组于2024年9月10日对本项目的建设单位进行了监理工作服务满意度的回访调查。

建设单位代表对监理单位在项目监理过程中所取得的成就及所发挥的作用表示了高度的赞赏。首先，监理团队通过"三控二管一协调"确保了工程建设的顺畅推进。其次，监理团队熟练掌握工程技术标准、规范以及合同文件，严格遵循设计图纸和技术规范要求，针对影响工程质量的五大要素——人员、机械、材料、方法和环境，对原材料、施工工艺和施工过程进行了全面监控和管理，采取了事前、事中、事后等多种控制措施，有效地保障了工程的施工质量，在项目建设过程中扮演了至关重要的角色。

### 龙井市第四中学

龙四中【2024】16号

**关于龙井市第四中学教学楼建设项目
监理工作评价函**

吉林博业工程建设咨询有限公司，为我单位龙井市第四中学教学楼建设项目进行建设工程的工程监理工作，该单位自觉遵守工程监理单位行业规定和各项制度，按照工程委托监理合同服务范围开展业务，具有独立执业能力和工作条件，按照公平、公正和诚信的原则开展业务，认真履行合同，依法独立自主开展经营活动，保守客户的技术和商务秘密，竭诚为客户服务，以高质量优良服务，获得我方的认可和好评。

吉林博业工程建设咨询有限公司公开、公平、公正和诚信的原则开展监理工作，为我单位控制质量，节约投资，是信得过的单位。

建设单位：龙井市第四中学
2024年9月9日

项目监理机构针对设计变更或施工问题积极与建设单位和施工单位进行沟通和协商，共同制定解决方案，并监督其执行。在处理工程索赔过程中，进行技术评估和鉴定，确保索赔处理合理合规。

建设单位认为监理单位在工程建设的各个阶段都发挥了重要的监督、控制和协调作用，确保了工程的顺利进行并实现了预期目标。工程监理在建设过程中的积极作用是不可或缺的，是确保建设项目顺利实施和工程质量达到高标准的重要保障。

# 严控品质　追求精品　保障项目顺利落成
## ——通化万达广场项目

## 一、项目概况

通化万达广场坐落于吉林省通化市东昌区江南商圈的核心地带，是一座集购物、餐饮、娱乐等众多功能于一体的大型商业综合体。该项目占地面积3.75万m²，总建筑面积12.9万m²，地上四层，局部五层，地下两层，建筑高度23.9m。项目投资9.4亿元人民币。

## 二、监理单位及其对监理项目的支持

吉林东南工程管理咨询有限公司具有房屋建筑、市政公用工程、机电安装工程监理甲级资质、水利施工监理乙级资质；工程咨询甲级资信、AAA级工程造价咨询企业。

公司为项目选配了经验丰富、综合素质高的人员组成项目监理机构，并由公司总工程师牵头邀请业内专家成立了咨询专班，及时对监理过程中出现的技术和管理难点提出相应解决方案，为项目监理机构工作的顺利开展提供全过程的支持和保障。

## 三、监理工作主要成效

实施过程中，项目监理机构始终秉持严谨细致的工作态度，致力于将每一环节都做精做细。为此，监理团队制定并实施了一系列管理办法，以"严控品质，追求精品；满意服务，争创一流"为核心理念，主动为参与建设的各方提供专业化、高质量、高效率的咨询服务。这些努力使得项目在历次检查评比中均获得了高度评价。

项目总监理工程师刘传影高级工程师拥有注册监理工程师和注册造价工程师执业资格，多次荣获省优秀总监理工程师等荣誉称号。他以严谨负责的态度，带领团队深入项目一线，凭借扎实的技术能力及时发现和解决各类问题，同时积极协调参建各方的关系，为项目的顺利进行奠定了坚实的基础，赢得了参建各方及政府主管部门的一致好评与高度赞誉。

## 四、建设单位简况

　　吉林中盛置业有限公司是吉林省通化市一家颇具声望的房地产开发企业，始终坚守"诚信务实、科学规范、艰苦创业、崇尚进取"的核心理念开展业务，已成功打造了中盛山水城、玉龙湾等住宅项目，以及义乌商贸城、万达广场等地标性商业建筑。此外，公司亦不忘回馈社会，积极投身于中盛小学、江南社区服务中心等公益建筑项目，为当地教育和社区服务事业的发展做出了积极贡献。

## 五、专家回访录

　　吉林省回访专家组于2024年9月10日对本项目的建设单位进行了回访。

　　建设单位代表对监理团队的工作给予了高度的评价。从施工质量、进度控制到安全生产管理，监理团队展现了其卓越的专业能力和敬业精神，确保了项目的顺利进行。监理团队在项目推进过程中，严格把控施工质量，安排专人在关键节点严把质量关；对危险性较大的分部分项工程加大巡视检查力度，及时消除安全生产隐患。同时，监理团队与建设单位和施工单位建立了高效的沟通协调机制，对施工过程中出现的问题及时沟通解决，确保本项目能够按计划顺利完工。

　　对项目推进过程中遇到的技术难题和突发情况，监理单位能够迅速组织专家团队进行分析和研究，制定出合理的解决方案，最终相关问题得到圆满解决。

　　建设单位期待在未来能继续与该监理团队合作，共同打造更多优质的商业项目。

吉林中盛置业有限公司文件

吉中盛〔2024〕10号　　　签发人：黄江

关于通化万达广场建设项目的评价函

　　吉林东南工程管理咨询有限公司作为监理方在通化万达广场建设项目的监理过程中，能够圆满地完成合同约定的全部工作内容。

　　贵单位派驻了的高素质的监理团队，始终保持积极主动的工作态度，展现出了极高的敬业精神。

　　在项目实施过程中监理机构能严控工程质量，做好事前研判，动态管控进度，监督施工单位不带隐患作业，杜绝了安全事故的发生。

　　我单位还采纳了贵公司专家组提出的许多有价值的咨询意见，确保项目目标得以顺利实现。

　　贵单位在通化万达广场建设项目中展现出的优秀业务水平和专业素养以及高度的责任心，保障了项目按计划顺利完成。我们对贵单位的工作非常满意，并希望在今后的项目中能够继续保持良好的合作关系。

吉林中盛置业有限公司
2024年9月10日

# 进度控制多措并举　助力项目按期交付
## ——延吉市延河路、民昌街道路新建项目

## 一、项目概况

延河路、民昌街道路新建工程位于吉林省延吉市河北区西部，是连接市区东西向交通的主要道路。项目总投资16964.3万元人民币。延河路全长2422.742m，车行道宽度22m，两侧人行道宽度均为4m。民昌街全长485.674m。路面宽度为15m，人行道上两侧绿化带宽度均为4m，两侧人行道宽度均为3.5m。

## 二、监理单位及其对监理项目的支持

吉林双利建设工程项目管理有限公司拥有房屋建筑及市政公用工程监理甲级资质，以及机电安装和公路工程监理乙级资质，能够承担包括项目管理、工程咨询、招标代理、造价咨询在内的多项建设工程服务。公司在项目启动前安排了市政道路专业培训，并组织监理人员参与考试，同时安排了对标准化工地的考察活动；此外，公司配备了无人机、RTK、钻心取样机等设备，为项目监理机构提供了强有力的支持。面对紧迫的工期挑战，公司积极与行业专家沟通，深入研究并制定解决方案，以确保监理工作的顺畅推进。

## 三、监理工作主要成效

本项目总监理工程师王定国曾荣获"吉林省优秀总监理工程师"称号，在道路与桥梁工程领域深耕20载，积累了丰富的工程管理经验，具备扎实的专业技能，并展现出卓越的沟通与协调能力，面对不足60天的紧迫工期，项目监理机构采取了以下措施：

1. 对施工进度方案进行优化：根据项目具体情况，调整施工流程，合理安排平行作业与流水作业交叉执行，在不影响工程质量的前提下，显著提升了工作效率。

2. 强化沟通与协调工作：与建设单位、施工单位保持紧密联系，及时解决沟通障碍，避免其对施工进度产生不利影响。

3. 加大施工进度控制力度：严格监控进度计划的完成情况，督促施工单位遵循既定的施工进度计划，确保工程进度符合预定安排。

通过这些措施的实施，本项目在合同约定的时间内顺利竣工，得到了建设单位与政府部门的一致好评。

## 四、建设单位简况

延吉市住房和城乡建设局隶属于延吉市人民政府。该局的主要职能包括城市建设与维护，致力于确保城市基础设施和公共设施的建设和保养工作，旨在为市民提供一个宜居和便利的生活环境。

## 五、专家回访录

吉林省回访专家组于2024年9月20日对本项目的建设单位进行了实地回访。

建设单位代表对项目监理机构的工作表现给予了高度赞扬和全面肯定。

鉴于本项目可能因征地拆迁问题而面临进度延误的风险，监理团队针对项目的具体情况，积极进行多方协调，保持与建设单位和施工单位的紧密沟通，有效解决了拆迁问题对工程进度的不利影响。同时，项目监理机构提出了优化施工工序的方案，采用了平行作业与流水作业相结合的施工方法，在不损害工程质量的前提下显著提升了工程建设速度。

建设单位对监理单位的工作态度、人员素质及专业能力表示了高度认可，并认为监理单位在项目建设中发挥了至关重要的作用。

延吉市住房和城乡建设局文件
연길시주택및도시농촌건설국문건

延市建函字〔2024〕71 号

**表扬信**

**关于延吉市延河路、民昌街道路**
**新建工程项目的评价函**

吉林双利建设工程项目管理有限公司：

延吉市延河路、民昌街道路新建工程经延吉市发展和改革局《关于延吉市延河路、民昌街道路新建工程可行性研究报告的批复》（延市发改〔2022〕68号）文件批准立项，项目建设单位为延吉市住房和城乡建设局，工程施工监理中标单位为吉林双利建设工程项目管理有限公司。在项目建设管理中监理单位严格按照设计图纸和规范要求全面监督，确保了施工质量达到预期标准；根据施工计划，定期检查现场进展，及时协调沟通确保了项目按时竣工；严格落实安全生产规章制度，保障了现场安全生产无事故。监理单位本着负责态度认真履行职责，确保项目顺利推进，为工程的高质量完成做出了重要贡献。

延吉市住房和城乡建设局
2024 年 11 月 19 日

# 用专业技术为城市能源安全保驾护航
## ——长春市城市 LNG 应急调峰储配站项目

## 一、工程概况

项目位于吉林省德惠市万宝镇，总投资约8.3亿元人民币，包括调压计量加臭区、CNG加气母站、两座50000m³储罐、气化和液化系统、计量调压输配系统及辅助工程。建成后，长春市能源结构将得到优化，储气能力提升，增强储配站能源枢纽功能，为大型企业提供稳定能源，实现与天然气市场互联，确保城市能源安全，对经济和民生有重大意义。

## 二、监理单位及其对监理项目的支持

黑龙江瑞兴工程管理咨询有限公司是黑龙江省建设工程咨询行业协会的副会长单位，具备工程监理综合资质以及中石油一类承包商的资格认证。公司所承接的项目屡次荣获国家优质工程奖、中国安装工程优质奖、中国化工工程优质工程奖以及省市级优质工程奖等多项荣誉。公司组建了一支由资深副总工程师领导的工程技术专家团队，结合视频会议与定期的现场巡查，为项目监理机构及EPC总承包单位提供了针对严寒地区的施工重点、难点问题及管控经验的专业指导，为项目能够按期顺利投产提供了技术支撑。

## 三、监理工作主要成效

本项目总监理工程师李伟持有高级工程师职称证书，在化工工程管理领域拥有深厚的专业知识和丰富的实践经验，多次荣获黑龙江省"优秀总监监理工程师"称号及各类奖项。在他的领导下，项目监理机构对工程质量、进度和投资等目标进行了严格控制，并对安全生产进行严格管理。针对严寒地区特有的气候条件和多变的地质状况，对可能导致进度和质量风险的冻胀问题，监理团队为建设单位和EPC总承包单位提供了专业的指导和技术解决方案，确保了项目的顺利进行和按期完成。该项目荣获2022年度吉林省优质工程及安全文明标准化工地称号。2023年又被中国化工施工企业协会授予"AAAA级优质工程"称号。

## 四、建设单位简况

长春元盛能源实业发展有限公司隶属于长春天然气集团有限公司，系长春市国资委直属企业。公司主要经营液化天然气业务，专注于长春市城市液化天然气应急调峰储配站的建设与运营，致力于为城市提供安全稳定的供气保障，支持和推动国家"碳达峰碳中和"战略目标的实现。

## 五、专家回访录

2024年9月24日，黑龙江省回访专家组对本项目的建设单位进行了回访。

建设单位特别强调，监理单位在石化行业项目的专业监理服务中，充分发挥了其技术优势和丰富经验，以高标准、严要求完成了各项监理服务工作，确保了项目的顺利进行。

在实施过程中，监理单位组建了一支工程技术专家团队，这些专家在关键的质量控制环节发挥了重要作用。他们不仅确保了施工过程中的质量、投资和进度控制，还在合同、信息、HSE以及安全生产管理等方面进行了有效管理。还与建设单位和EPC总承包单位分享了严寒地区LNG项目施工的重点、难点以及管控经验，帮助他们有效避免了建设风险。

> **长春元盛能源实业发展有限公司**
>
> **关于长春市城市 LNG 应急调峰储备站项目**
> **工程监理项目的评价函**
>
> 致：黑龙江瑞兴工程管理咨询有限公司
>
> 公司总部指定一名管理层领导负责本项目资源协调，就本项目监理重大事项与业主沟通协调。监理部人员满足现场需求，随施工单位作息时间合理安排监理人员驻场提供全天候技术咨询及监理工作。不存在职业道德问题。
>
> 项目储罐封顶是整个工程中施工工艺最复杂、技术含量最高、操作和控制难度最大的一道工序，监理公司非常重视，邀请安装工程技术专家组建专家团队坐阵项目现场，用时八小时保障了电动升顶的安全可靠顺利完成。协助建设单位及管理单位对施工过程中质量、安全、投资、进度、合同、信息、HSE、安全文明标准化施工等方面的协调管理。
>
> 在本项目的建设中展现出了一流的监理水平和服务质量。你们的努力和付出，我们业主都看在眼里，记在心里。
>
> 长春元盛能源实业发展有限公司
> 2024 年 09 月

监理团队的专业表现不仅保障了本项目建设目标的顺利实现，还带动了各参建单位在LNG项目组织建设和质量管控等方面整体技术水平的提升，赢得了建设单位与各参建单位的一致好评。

# 优质监理品质　打造龙江品牌
## ——哈尔滨新能源混动系统新基地一期项目

## 一、工程概况

新能源混动系统新基地一期建设项目位于哈尔滨市平房经济技术开发区，总建筑面积49375.27m²，包括新建试验试制厂房，5号联合厂房，建设工期为2022年5月1日至2023年6月30日，总投资1.68亿元人民币。

## 二、监理单位及其对监理项目的支持

黑龙江省轻工建设管理有限公司（原黑龙江省轻工建设监理公司）业务涵盖工程前期咨询、项目管理、招标代理、造价咨询、工程监理、BIM咨询服务、设计优化等全过程工程咨询服务以及工程验收和政府采购监理巡查服务等业务。

针对本项目存在诸多的施工难点、重点，公司组建了以复合型人才为主的项目监理机构。利用公司提供的BIM技术服务解决了管道施工"碰撞"多的难题，避免了返工与浪费，为工程项目的顺利推进与交付提供了技术保障。

## 三、监理工作主要成效

本项目总监理工程师牛涌拥有高级工程师职称，并持有多项注册执业资格证书。在他的领导下，项目监理机构恪守监理规范，严格履行监理职责，对于涉及质量与安全生产的问题，表现出坚决的"零"容忍态度，为项目的顺利推进提供了坚实的保障。监理团队主动和参与建设的各方进行沟通协调，及时解决工程建设过程中出现的问题，有效促进了项目的顺利进行。针对本项目设备管道施工的高难度挑战，引入BIM技术事先发现管道"碰撞"问题，并迅速提出了有效的解决方案，取得了显著成效。

## 四、建设单位简况

哈尔滨东安汽车动力股份有限公司隶属于中国兵器装备集团有限公司，是一家国有控股上市公司，专注于汽车发动机、手动变速器、自动变速器以及增程动力系统的研发与生产。

## 五、专家回访录

2024年9月19日，黑龙江省回访专家组对项目建设单位进行了访谈。建设单位就项目监理机构的团队表现、创新管理、合同履行情况、总监理工程师能力等议题，与回访组专家进行了深入交流。

建设单位对项目监理机构在履职过程中的表现给予了高度评价。首先，建设单位认为监理单位在项目实施过程中，展现了卓越的专业素养和强烈的责任感。自项目启动至竣工验收，监理团队始终保持严谨的工作态度，对每一项工作都进行了细致入微的检查与监督。无论是施工过程的合规性，还是对材料质量的把关，监理团队都严格遵循相关标准和规范，确保了监理工作的质量。

### 哈尔滨东安汽车动力股份有限公司

**关于新能源混动系统新基地一期建设项目的评价函**

致：黑龙江省轻工建设管理有限公司

贵单位作为我单位新能源混动系统新基地一期建设项目的工程监理单位，为项目的顺利推进提供了坚实保障。现就贵单位的表现进行综合评价：

一、团队表现

贵单位组建的监理团队专业素养高，责任心强，团队成员之间协作默契，能够迅速适应项目需求，展现出良好的职业风范和团队协作精神。

二、合同履行情况

贵单位在合同履行方面严格遵守合同条款，认真履行监理职责，按时提交监理报告及各类文件资料，积极配合建设单位完成各项任务。

三、总结

综上所述，贵单位在监理工作中表现优异，为项目的成功实施做出了重要贡献。在此，我单位对贵单位的辛勤付出和卓越成效表示衷心的感谢。

哈尔滨东安汽车动力股份有限公司
2024年09月19日

其次，监理单位在沟通协调方面展现出了卓越的能力。他们不仅与建设单位保持了良好的合作关系，还积极与施工单位进行沟通协调，为项目的顺利实施奠定了坚实基础。

最后，建设单位对监理单位的整体服务表示满意，并期待在未来项目中继续与监理单位合作。

# 监理工作尽责履职　助力项目如期使用

## ——讷河市第一中学异地新建宿舍楼、体育场项目

## 一、项目概况

　　讷河市第一中学异地新建宿舍楼、体育场项目包括：2号宿舍楼建筑面积9181.75m²、3号宿舍楼建筑面积10511.99m²；400m环形跑道体育场及单侧看台，建筑面积991.4m²。此外，该项目还包括4个连廊，总面积约1600m²。

## 二、监理单位及其对监理项目的支持

　　黑龙江龙至信工程项目管理有限公司具有工程监理综合资质、水利工程监理乙级资质及招投标代理、造价咨询等相应资质。公司根据合同约定及工作需求组建了项目监理机构，并对项目监理机构进行不定期巡视、检查，提供技术、培训和设备设施支持等。

## 三、监理工作主要成效

　　项目监理机构制定了监理工作制度来规范监理人员的行为。针对监理工作的关键点和难点，采取了预防性措施防止质量通病的发生。监理团队通过巡视、旁站和平行检验等手段，及时发现并指出问题，共签发质量问题通知单136份，督促相关方进行整改，确保了工程的质量。为了强化安全生产管理，项目监理机构严格执行国家和地方的安全生产管理制度，加强巡视检查力度，共发出涉及安全生产隐患的通知单63份，及时消除了隐患，实现了本项目安全生产"零"事故。此外，为了不影响学校的教学进度，监理团队通过核查工程进度的偏差，分析原因，并要求施工单位及时调整进度计划，并督促其执行，促使工程按期交付使用。

## 四、建设单位简况

讷河市第一中学曾多次荣获教育机构先进单位、讷河市民主法治学校、十佳美德阳光学校、优秀生源基地等多项荣誉称号。

## 五、专家回访录

2024年9月12日，黑龙江省回访专家组对讷河市第一中学进行了回访。

学校校长指出，该项目坐落于黑龙江省一个相对偏远的县城，并且地处高纬度地区，是当地首个采用政府投资项目管理中心、建设单位以及专业监理服务共同参与管理的建设项目。鉴于严酷的气候条件、有限的施工周期以及严格的时间限制，项目面临时间紧迫、任务繁重以及沟通协调复杂等多重挑战。

学校校长对监理单位专业和规范的监理服务表示了充分的认可。

为了确保项目能够按时完成，同时不影响学校的日常教学活动，监理单位在整个项目实施过程中积极主动地发挥作用，协助建设单位梳理勘察设计单位、施工单位以及政府投资项目管理中心的工作职

讷河市第一中学

★

关于"讷河市第一中学异地新建2号、3号宿舍楼、体育场及连廊项目"的评价函

尊敬的黑龙江龙至信工程项目管理有限公司团队：

随着[讷河市第一中学异地新建2号、3号宿舍楼、体育场及连廊项目]项目的顺利完成，我校作为建设单位，深感荣幸能与贵单位携手合作，共同见证了项目从蓝图变为现实的每一个重要时刻。在此，我们特地对贵单位在本项目中的监理服务工作进行回访评价，以表达我们的感激之情，并分享我们的观察与感受。

贵公司在项目中的监理服务工作表现卓越，赢得了我们建设单位的充分信任和高度评价。我们坚信，正是有了贵单位的鼎力支持与专业保障，项目才得以顺利推进并取得今天的成绩。未来，我们期待与贵单位继续深化合作，共同创造更多优质工程，为社会贡献更多价值。

[讷河市第一中学]
2024年09月15日

责，确保项目各目标协调一致，有效解决了资金配置、进度安排、材料组织等关键难题，使项目能够按期竣工并投入使用。

建设单位对监理工作给予了高度评价，并特别强调了监理单位在协调各方、控制进度和投资方面的显著贡献。

# 以项目产能为目标　开展全方位监理服务

## ——望奎县 1×40MW 农林生物质热电联产项目

## 一、项目概况

望奎县1×40MW农林生物质热电联产项目是落实国家能源环保政策，实现发展低碳循环经济的实际举措。本期建设1×150t/h高温超高压一次再热生物质循环流化床锅炉，配1×40MW抽凝式汽轮发电机组，同步建设脱硫、脱硝装置。

## 二、监理单位及其对监理项目的支持

黑龙江电力建设监理有限责任公司专注于大型电力工程的监理工作，拥有电力工程、房屋建筑工程监理甲级资质，以及市政公用工程、石油化工工程监理乙级资质、电力工程质量评价一级资质。2023年参与监理的"张家口–北京可再生能源综合应用示范工程"荣获2022～2023年度国家优质工程金奖，成为国内首个获此殊荣的陆上风电工程监理企业。

公司自成立以来，在电力监理领域已深耕三十余年，形成了一支技术精湛、能应对各种挑战的专家团队，他们不仅掌握深厚的电力专业知识，还具备出色的野外作业能力，并定期到监理项目进行检查，为项目监理机构提供实地指导。

## 三、监理工作主要成效

针对本项目建设的成败取决于参建单位与调试单位之间大量的协调工作的特点，本项目总监理工程师项少广为确保项目协调工作的顺利进行，主持召开了46次专题会议和100余次专题协调会议，项目监理机构发出了35份涉及质量问题的监理通知单、23份涉及安全生产问题监理通知单、12份涉及进度协调监理通知单，并签发了18份监理工作联系单，为项目建设各项目标的达成，清除了一系列障碍，多次在关键时刻推动了项目的进展，保障了工程质量，预防了安全生产事故，从而推动了项目的顺利建成。

在"72+24"h的试运行阶段，设备运行稳定，各项参数正常，机组成功完成了连续满负荷试运行189.25h的要求。

## 四、建设单位简况

哈电集团生物质发电（望奎）有限公司隶属于哈尔滨电气集团有限公司（简称"哈电集团"）。哈电集团为顺应市场对成套开发、设计、制造及服务的需求，是最早组建的我国规模最大的发电设备、舰船动力装置、电力驱动设备的研发制造基地及成套设备出口基地。

## 五、专家回访录

2024年9月11日，黑龙江省回访专家组对该项目的建设单位进行了回访。

建设单位在回访中指出，为确保锅炉和汽机设备的顺利安装，监理单位特别委派了经验丰富的项少广担任项目总监理工程师，并充分考虑了项目监理工作的具体要求和特点，配备了经验丰富的专业监理

工程师和相应的设施设备，为项目的顺利完成和按期并网发电奠定了坚实的基础。

项目监理机构在工程质量及进度控制、安全生产管理、工程验收等关键环节，严格按照设计与规范要求履行监理职责。特别是在1×150t/h高温超高压一次再热生物质循环流化床锅炉等重型设备的整体安装和试车投产过程中，监理团队为关键环节提供了重要的技术支撑和统筹规划，确保了项目大型设备安装、试车投产按计划一次成功，取得了显著的监理成效，圆满实现了项目建设目标。

# 监理创新实践　管控有章有法

## ——上海浦东新区唐镇 PDP0-0403 单元 W19-01 地块 配套初中项目

### 一、项目概况

唐镇PDP0-0403单元W19-01地块配套初中项目位于浦东新区唐镇宏秋路与新雅路交叉口，建筑面积21323.12m²，地下一层，地上五层，总投资12734.41万元人民币。项目结构类型为装配整体式框架结构，装配率40%。本项目荣获浦东新区优质结构奖及上海市"白玉兰奖"。

### 二、监理单位及其对监理项目的支持

上海城建工程咨询有限公司作为上海市城市建设设计研究总院（集团）有限公司旗下的国有控股子公司，荣获了"上海市先进监理企业"荣誉称号。公司曾为虹桥枢纽市政配套工程、白龙港污水处理升级改造工程等市重点战略项目提供监理服务，多个项目获得"鲁班奖"、"中国土木工程詹天佑奖"等奖项。公司选派经验丰富的监理人员组成项目监理机构，并从人员培训、能力提升、团队建设等方面给予大力支持，同时，建立监理人员岗位职责与考核机制，开展项目季度考核，引导监理团队与公司专家定期沟通，提升工作质量和效率。

### 三、监理工作主要成效

围绕学校项目建设目标，监理团队对施工组织设计及施工方案进行了严格地审查，以确保其满足工程实际需求。在审核的54份施工方案中，共识别出37项风险点，这些风险点均被确定为关键控制点。项目监理机构除了定期举行监理例会外，还组织了12次专题会议，专门研究解决质量、进度及安全生产方面的问题。监理团队坚守质量、安全底线，加强对进场材料和危险性较大工程的管理力度，例如，在安全生产管理方面，监理团队及时发现并纠正了1067项安全隐患，其中136项是可能导致重大事故的隐患，有效

预防了安全生产事故的发生。此外，监理团队通过精细控制施工进度，使原计划两年的工期缩短了166天。

本项目总监理工程师张松乾有强烈的工作责任心和丰富的监理工作经验。他注重在工作中创新实践，运用信息化手段提升工作效率，通过构建学习型组织来提高监理人员的综合能力。

## 四、建设单位简况

上海浦发虹湾房地产开发有限公司是上海市浦东新区房地产（集团）有限公司（简称"浦房集团"）的全资子公司。浦房集团凭借浦东新区改革开放的优势，积极参与该区住宅建设，先后荣获中国房地产名牌企业、上海房地产关注品牌等二十余项荣誉，跻身中国房地产开发企业500强及上海房地产开发企业50强之列。

## 五、专家回访录

2024年9月6日，上海市回访专家组对本项目的建设单位进行了实地考察。

建设单位代表指出，本项目总监理工程师张松乾年轻有为，工作态度积极主动，并且勇于创新。他通过构建学习型组织，增强了团队中青年成员的凝聚力和执行力，并借助信息化技术手段，提升了监理服务的效率。项目监理机构特别强化了对现场材料、施工进度、施工质量等关键领域的监管力度，及时发现问题并跟踪施工单位的整改情况，确保了项目在建设过程中未发生任何质量及安全生产事故。在资料管理方面，监理团队创新工作方法，运用"水印相机"技术将现场照片与时间、地点、问题描述等信息一同水印化，确保问题的清晰记录和高效整改闭环。

**上海浦发虹湾房地产开发有限公司**

**建设单位书面意见函**

唐镇PDP0-0403单元W19-01地块配套初中项目由我司开发建设，由上海城建工程咨询有限公司监理。项目监理机构成立后，监理人员认真勤恳的工作态度、扎实务实的工作作风取得了各参建单位的尊重，获得了我司好评，达到了很好的监理效果。

项目总监理工程师张松乾是本项目监理工作的总负责人。他在指挥和统御责任的驱动下，始终保持良好的个人形象和公共形象，虽然年轻但拥有丰富现场的经验。他通过加强监理团队建设，着力提高团队的学习力、执行力、凝聚力，提高了监理团队的工作成效；在用人上做到了充分信任，知人善用，用其所长，在监理机构内部建立了相应的激励机制及关爱机制，奖罚分明、令行禁止的办事风格提高团队了凝聚力，也提升了团队的工作效果。

我司对上海城建工程咨询有限公司提供的监理服务非常满意，对项目总监理工程师张松乾及项目监理机构提供的监理服务非常满意。

上海浦发虹湾房地产开发有限公司
2024年09月05日

建设单位代表总结道，整个监理团队的工作可以用"敬业、专注、服务、创新"四个词来概括。监理团队以其细致务实的工作作风和真抓实干的工作态度，不仅赢得了各方的高度评价，也为其赢得了后续项目合作的机会。

# 技术支持智慧监理　打造城市更新绿色典范
## ——上海市宛平南路75号科研办公楼改扩建项目

## 一、项目概况

本项目位于上海市徐汇区宛平南路75号，总建筑面积6727.88m²，其中地上4层，建筑面积4304.43m²；地下1层，建筑面积2423.45m²。本项目是上海市建筑工业化试点项目和上海市城市更新示范项目。

## 二、监理单位及其对监理项目的支持

上海建科工程项目管理有限公司以延续光大"建科咨询"优良的管理模式，建立高水平的项目管理专业操作平台为宗旨。公司对本项目监理机构按照"公司、直属业务机构、项目部"三级管控体系，为本项目提供了绿色低碳、工业化、数字化等关键技术支持，为打造绿色智能建筑标杆项目提供了支撑力量。

## 三、监理工作主要成效

项目监理机构在完成监理工作的同时，还承担了项目管理和专项技术咨询的职能，致力于推动整个项目绿色建造。为此，项目监理机构共组织召开了近60次专题会议或评审会，其中"工业化建造"8次，"外立面技术论证"16次，"超低能耗技术论证"10余次，另外"BIM技术应用"、"光伏技术应用"、"基坑监测"等专题会议多次。在各参建方的共同努力下，项目顺利获取了绿色建筑三星级、中国健康建筑三星级、美国LEED NC铂金级、WELL铂金级和净零碳建筑等认证，显著提升了项目在绿色、健康、智能建筑领域的标杆地位。

项目总监理工程师刘淼飞曾参与宛平南路75号科研办公楼改扩建项目、黄浦区淮海社区099街坊建设项目，获"上海市优秀总监理工程师"等多项荣誉称号。

## 四、建设单位简况

上海建科集团股份有限公司隶属于上海市人民政府国有资产监督管理委员会，集团深耕建筑科学领域，以科技创新为引领，以专业技术服务为核心业务，拥有八大业务板块和296项服务产品，已发展成为国内城市建设、管理及运营领域的科技服务专家。

## 五、专家回访录

2024年9月12日，上海市回访专家组对本项目的建设单位进行了监理工作情况的回访。

建设单位代表表示，项目监理机构在本项目中不仅执行了相关法规与监理规范明确的监理职责，还承担了项目管理和专业咨询的职能，在工作中积极扮演了项目利益相关方协调者的角色。例如，面对项目周边众多居民区的现状，项目监理机构主动承担了与周边居民的沟通协调工作，确保了施工的顺利进行和居民的满意度。针对绿色低碳的要求，监理单位实施了8大低碳技术，从高性能维护结构到可调节外遮阳系统，从PVT耦合空气源热泵热水系

**上海建科集团股份有限公司**

**建设单位书面意见函**

宛平南路75号科研办公楼改扩建项目作为集团产业链整合协同的新平台，绿色低碳和数字技术融合应用的新载体，以及典型城市更新项目，具有时间紧、任务重、关注度高、技术难度大一系列难点特点，对管理团队的服务质量提出了高标准的要求。

上海建科工程项目管理有限公司作为本项目的全过程咨询服务单位，选派了公司的专业骨干力量，搭建了高效、精干的管监一体团队，以全过程咨询的站位，全面策划、精细管理、勇于创新、敢于突破。在集团专业化、数字化发展的大趋势下，在本项目中引入数字赋能理念，推行"数字化监理"模式，将监理、管理工作规范化、标准化，提高工作效率、精度和实时性，时刻贯彻落实建设意图，最终圆满完成本项目工作任务。

综上所述，我方给予上海建科工程项目管理有限公司高度评价。

上海建科集团股份有限公司

2024年9月26日

统到光伏幕墙模块化集成，再到直流储能直柔新型能源系统、照明系统多模式调节、建筑能耗与性能预测，以及绿色建材与资源循环利用，并确保这些技术的有效应用和落地实施，进一步突显了项目绿色低碳的特点。

建设单位代表指出，从本项目监理服务实践所取得的成果来看，工程监理未来向项目管理和全过程工程咨询的转型发展，是大型骨干监理企业的发展路径之一。

# 高效管控专业保障　助力机场不停航扩建
## ——上海浦东国际机场三期扩建卫星厅及T2捷运车站项目

## 一、项目概况

本工程包括总建筑面积63万m² 的相连S1、S2卫星厅及83座登机桥，以及服务于S2卫星厅的建筑面积为0.9万m²的T2捷运车站。卫星厅年承接旅客3800万人次。项目获"鲁班奖"和"中国土木工程詹天佑奖"等多项荣誉。

## 二、监理单位及其对监理项目的支持

上海建科工程咨询有限公司是上海建科集团下属国有企业，具备工程监理综合资质。公司依托机场交通建筑专家工作室，为本项目提供组织策划、界面管理以及民航专业技术等多方面的支持。同时，公司通过项目开工及过程技术交底、季度覆盖检查、分级风险管理以及竣工预验收等多种方式，为项目监理机构提供全面的支持。

## 三、监理工作主要成效

项目监理机构通过事前策划、严格的过程监控以及细致的后期管理，确保了工程的高质量完成。特别是在实施不停航管理方面，项目监理机构制定了《卫星厅及T2捷运车站工程不停航施工管理流程与制度》，构建了包含方案审批、运营安全、空防安全、动火安全、管线安全在内的五大管理流程，以及涵盖进出管理、动火管理、人员办证、车辆办证、危险品管理、工器具管理、教育培训在内的七大管理制度，并督促施工单位严格执行。为保证工程进度按时完工，项目监理机构采取了专题会推进、网格化管理、优化工序搭接、对施工方案及设计提出优化方案等优化工程进度方面的措施，缩短工期96天，最终使工程提前竣工并提交行业验收。

项目总监理工程师徐荣梅，曾参与上海浦东机场T2航站楼、卫星厅、南区综合交通枢纽及虹桥机场综合交通枢纽等多个重大工程建设，获得"上海市优秀总监理工程师"、

"上海市重大工程立功竞赛先进个人"、"上海市五一劳动奖章"等荣誉。

## 四、建设单位简况

上海机场建设指挥部隶属上海机场（集团）有限公司，指挥部以"建设面向运营"为理念，承担两大机场基础设施建设，推动重大工程项目顺利实施。

## 五、专家回访录

2024年9月12日，上海市回访专家组对该项目的建设单位进行了实地回访。

建设单位代表详细介绍了项目的招标流程，强调了以技术方案为核心的定标原则，并采用了优质优价的计费模式，旨在规避低价竞争，确保建设单位能够获得高标准、高质量的监理服务。建科监理凭借其在实务和技术方面的优势成功中标。

在监理过程中，监理团队展现出了卓越的服务意识，无论是在工程策划还是总包管理方面，均提供了卓越的服务，确保了项目的顺利推进。建设单位对监理工作给予高度评价，特别认可监理单位对机场行业技术特点的深入理解以及对机场环境的熟悉程度，为项目提供了专业的技术支持。

上海机场建设指挥部

**感 谢 信**

上海建科工程咨询有限公司：

贵公司参建的上海浦东国际机场三期扩建工程卫星厅及T2捷运车站工程自开工以来，在贵公司领导的高度重视和亲自关心下，项目主要负责人的带领下，监理团队全体人员尽职尽责、主动作为，推动工程建设有序开展，工程先后荣获"鲁班奖""詹天佑奖"等国家奖项。

贵公司领导亲临现场指导工作，积极协调各方、合理调配资源，不畏艰难、勇担重任，科学组织、认真谋划，为项目提供专业技术支持并及时有效解决现场的各种问题，充分体现贵公司的技术与管理水平，为项目按期保质完成提供了有力的保障。

在此，特向贵公司表示衷心的感谢和诚挚的问候。希望贵公司能够一如既往的大力支持上海机场的建设，保持优良的服务理念，集中优势资源，助推民航机场建设。

上海机场建设指挥部
2022年12月8日

建设单位着重强调了监理工作的核心——质量和安全，项目监理机构在这两方面的严格把控，确保了工程的顺利进行和最终的优质成果。

特别值得一提的是，在面对不停航管理这一最大挑战时，项目监理机构展现了卓越的协调能力和专业素养，成功实现了施工与机场运营的和谐共存。此外，该项目监理的范围还涵盖了民航专业弱电系统、行李分拣系统、登机桥活动端等关键内容，成为该项目监理工作的一大亮点。

# 精益服务规范高效　重点项目保驾护航

## ——上海泰和污水处理厂项目

## 一、项目概况

　　上海城投水务集团负责建设的上海泰和污水处理厂是"长江大保护"国家战略及中央环保督察的重要项目，也是上海首座"花园式"全地下污水处理厂。日处理规模40万m³，服务范围145km²，惠及近150万人，是国内水、泥、气、声综合治理标准最高的污水处理厂工程。

## 二、监理单位及其对监理项目的支持

　　上海华城工程建设管理有限公司拥有工程监理综合资质以及水利工程施工监理甲级资质。公司在水务、环境、绿色低碳等专业领域深耕细作，荣获"高新技术企业""专精特新企业"以及"上海市品牌引领标杆企业"等荣誉。公司为项目监理机构配备了资深专家团队，用以提供技术支撑并指导现场实施创新的"过程验收"方法。同时，在项目管理中积极运用公司自主研发的"慧监理"系统，确保监理工作的标准化、规范化和高效化。

## 三、监理工作主要成效

　　项目监理机构针对工程中的关键环节，如地下连续墙施工、顶管施工及一桩一柱施工等，成立了专业监理团队。该团队针对1400m长的地下连续墙的首开幅位置、成槽成墙等关键工序；顶管管节的制作、顶推力的控制；以及基坑内单桩逐根施工等环节，提出了专业的监理意见和建议。对钻孔灌注桩的桩径设计提出了优化方案，此举为项目节约了近3000万元的投资。为确保施工质量，避免发生安全生产事故，监理团队对关键工序进行旁站，对危大工程加大巡视力度。在完成198万m³的基坑土方开挖后，基坑地下连续墙未出现明显变形和渗漏现象；在桩基定位过程中，监理团队对每根桩进行了测量复核，使得Ⅰ类桩的比例高达98.75%。

项目总监理工程师郁光华在水务工程领域深耕多年，曾多次荣获"上海市优秀建设者""上海市优秀总监理工程师"等荣誉称号，参与建设的水务项目亦屡获"国家优质工程奖""上海市市政金奖"等奖项。

## 四、建设单位简况

上海城投水务项目管理有限公司是一家隶属于上海城投水务集团的国有企业，主要负责上海地区水利及水务工程项目的管理工作。其代表性项目涵盖了众多上海市重点民生工程，包括青草沙水库、金泽水库、黄浦江上游的陆域管线工程、白龙港污水处理厂工程以及天山污水处理厂工程等。

## 五、专家回访录

2024年9月6日，上海市回访专家组对本项目进行了实地考察，并与建设单位代表就监理单位的选择初衷及监理在本项目中的作用进行了深入的交流探讨。

建设单位代表指出，泰和污水处理厂工程作为"长江大保护"国家战略及中央环保督察项目，面临工期紧迫、任务繁重、环保标准严格等多重挑战。因此，在监理招标过程中，建设单位期望能够找到一家能够与之携手并进、共同克服困难、完成这一重大建设任务的监理企业。上海华城工程建设管理有限公司不负所望，完全满足了建设单位的期望。监理团队以"专业事务应由专业人员处理"为原则，在资深专家团队的支撑下，将公司专家组的技术支持

与现场监理团队的工作紧密结合，服务过程中创造了多项国内施工技术的新纪录。

针对质量与安全生产管理难度较大的分部分项工程，监理团队实施了24小时不间断的跟踪和有效管理，既确保了工程质量，又避免了安全生产事故的发生。虽然受疫情影响了三个月工期，但项目依然按期竣工。监理团队在服务的深度、专业度、精确度等方面获得了参建各方的高度评价，不仅圆满实现了泰和污水处理厂的建设目标，还赢得了参与项目二期合作的宝贵机会。

---

**上海城投水务项目管理有限公司**

**表扬信**

致：上海华城工程建设管理有限公司

我司对贵单位、对贵单位总监郁光华及其带领的整个监理组，在上海泰和污水处理厂项目实施过程中所展现出的专业素养和敬业精神，表示由衷的感谢和高度赞扬。

项目自开工以来，贵单位在项目进度、工程质量、现场安全以及投资控制等方面的把控，表现突出。提出的"过程验收"管理法，有效降低了返工率；运用自主研发的"慧监理"信息化工具，大大提升了工作效率；提出的优化钻孔灌注桩设计，为项目节省近3000万元投资；在混凝土管顶管施工中，监理团队又提出多项建议并实施专项监管。

贵单位及团队的优秀表现，为项目的顺利实施及按期交付，提供了有力保障。

我们衷心希望，贵单位能继续保持优良的工作作风，为我国建筑事业贡献力量。

上海城投水务项目管理有限公司
2024年9月5日

# 科学管理严格管控　善于总结协编专著

## ——上海市中医医院嘉定院区项目

## 一、项目概况

上海市中医医院嘉定院区项目总建筑面积112582m²，包含住院楼、医技楼、门诊楼、垃圾房、污水处理站、地下室。本项目荣获2021年度上海市文明工地、2021年度上海市建设工程绿色施工Ⅰ类工程、"工程建设先锋"党组织示范点、2023年度上海市建设工程示范监理项目部。

## 二、监理单位及其对监理项目的支持

上海三凯工程咨询有限公司是一家集多种工程咨询服务于一体的综合性企业，是上海市高新技术企业，拥有工程监理综合资质。公司在人员配置、财务保障、技术支持及监督管理等方面为项目监理机构提供全面保障。公司总师办以医院知识管理课题为核心，为本项目提供技术上的支持。同时，公司质安部负责对项目监理机构的主要工作进行审查与评估，确保监理团队能够恪尽职守，尽职履责。

## 三、监理工作主要成效

项目监理机构恪守监理规范，勤勉执行现场巡视与检查工作，共计发出质量问题监理通知单76份，成功整改质量问题493项；发出安全生产问题监理通知单74份，整改问题364项；识别并评估风险23项，其中重大风险12项，均得到了及时的消除。针对医院项目机电系统安装要求较高的实际情况，从建设单位的视角出发，优化系统方案，提出22项优化建议。面对项目专业分包众多、专业工种繁杂的挑战，监理团队严格审查各专业分包资质及管理体系，并督促施工单位协调各分包单位的工作界面，确保各项分包工作顺利推进。

项目总监理工程师李辉具有高级工程师职称，曾担任多项重大工程项目的总监理工程师。其负责的可口可乐新建厂房项目荣获2013年LEED铂金奖，复旦大学江湾校区物理科研楼及环境科学楼荣获2016年上海市建设工程"白玉兰"奖。

## 四、建设单位简况

上海市中医医院是一所集医疗、教育、研究于一体的三级甲等综合性中医医疗机构。在国家三级公立医院绩效考核中，该医院连续五年荣获最高等级A+，其十项中医类核心指标均位于上海市前列。此外，上海市中医医院连续获得"上海市文明单位"、"爱国卫生先进单位"等荣誉称号。

## 五、专家回访录

2024年9月13日，上海市回访专家组对本项目的建设单位进行了回访。

院方代表强调，上海市中医医院嘉定院区作为上海市的重点项目，建成后将成为上海市中医医院的总部所在地。鉴于该项目外立面设计的复杂性，以及医院建筑功能和专业工程要求的高标准，施工难度较大，管理协调面临诸多挑战。项目监理机构从建设单位的立场出发，全面考虑项目推进中的难点和重点，主动为建设单位提供技术支持和改进建议。监理团队严格控制材料报验流程，频繁进行现场巡视，严格把关隐蔽工程验收，凭借其精湛的专业技能和丰富经验，确保了质量合格、工期合理、安全生产、文明施工以及高效廉洁的管理目标。监理团队还注重经验的总

### 上 海 市 中 医 医 院

#### 上海市中医医院嘉定院区项目评价函

上海市中医医院嘉定院区项目是上海市重点工程，已获得"白玉兰奖"，目标是"鲁班奖"，项目于2020年6月6日开工，2023年11月29日竣工，2023年12月28日投入运营。

上海三凯工程咨询有限公司根据本工程的项目特点组建项目监理团队，总投入人数22人，常驻现场8人，各专业监理工程师配备齐全，认真履行监理职责。

在项目过程中，监理部实行科学管理，运用科学手段进行质量、进度、投资三大目标的控制及安全文明施工管理，对参建各方进行了有效的协调工作，履行监理方应尽的职责。严格执行创优要求，"工程优品，干部优秀"，从材料的管理上严格把关，保证了进场材料的品质；对施工质量进行严格监理，勤于巡视，发现问题，在过程中销项，避免造成大的隐患；关键工序旁站监督，基础工程、主体工程等的隐蔽验收严格、规范，确保结构工程质量；对施工单位的进度进行严格控制，前期因各方面的原因滞后的计划工期，在监理的进度把控下，顺利完成工期总目标的实现。

在整个项目建设阶段，我院认可上海三凯工程咨询有限公司在材料品质、施工质量及进度控制等方面提供的良好服务。

上海市中医医院基建处
2024年9月9日

结和知识的积累，与建设单位共同编撰的《基于运维的医院机电系统规划设计与实施》一书计划在上海市中医院院庆之际正式发布。

# 异形结构匠心打造　各项目标完美实现
## ——华东电力设计院办公大楼改扩建项目

## 一、项目概况

华东电力设计院办公大楼改扩建工程位于上海市武宁路409号，建筑高度88m，总建筑面积7万余平方米，共17层，由11个异形狭小核心筒＋钢梁＋桁架板连接组成。本项目由意大利"色彩大师"乔瓦尼·普拉泽（Giovanni Polazzi）领衔设计，以"螺旋"造型致敬电气工程发明家特斯拉，与大楼建设单位电力设计院身份十分相符。

## 二、监理单位及其对监理项目的支持

上海市建设工程监理咨询有限公司是一家提供工程监理、项目管理以及全过程工程咨询服务的综合性大型工程咨询企业。在本项目中，公司选派了具备十年以上丰富监理经验的专业骨干组成项目监理机构，并由公司技术负责人亲自参与超危大工程方案的审核与现场指导工作。在施工阶段，当需要24小时不间断作业时，公司无偿增派监理人员，以提供增值服务，保障了施工质量与建设进度。

## 三、监理主要工作成效

项目监理机构凭借其精湛的专业技能，成功应对了本项目中异形结构形式所引发的耐候钢钢结构螺旋坡道、清水混凝土模板安装与混凝土浇筑、双曲面云顶清水混凝土等关键领域的质量控制和安全生产管理挑战。为此，项目监理机构组织了10次专题会议，审查了49份施工方案，参与了6次规模较大的危险性较大工程施工方案的专家论证会并发表了监理意见。在施工期间，监理团队严控施工质量、严管安全生产，共发出48份涉及质量问题的通知单和66份涉及安全生产问题的通知单，充分展现了出色的管理能力。最终，工程建设满足了建设单位对建筑外观效果及功能的期望。该项目荣获上海市"2022～2023年度优质工程"称号。

项目总监理工程师邹汉军是一位资深的高级工程师、注册一级建造师及人防工程师，有10余年担任总监理工程师的工作经验，以其深厚的专业知识和丰富经验为项目的成功交付提供了坚实的支持。

## 四、建设单位简况

中国电力工程顾问集团华东电力设计院有限公司成立于1953年，是集电力设计、咨询、监理于一体的综合性工程公司，被授予"中国勘察设计百强单位"和"中国工程设计企业60强"，致力于推动能源电力建设的创新与发展。

## 五、专家回访录

2024年9月13日，上海市回访专家组对该项目的建设单位进行了实地考察。

建设单位指出，鉴于该项目实施了"小业主、大管理"的管理模式，并且项目中包含的高层建筑清水墙体外立面、大体量耐候钢施工以及15层超高的双曲面清水现浇结构等均为非传统施工技术，因此监理团队的专业能力发挥显得尤为关键。该项目之所以能够顺利完成，主要得益于监理单位派遣了具有丰富专业知识和强烈责任感的监理人员。他们不仅积极参与方案审核和专家论证，还提出了施工方案的优化建议，并在施工过程中严格按照设计图纸、规范要求及施工方案进行监理。他们及时发现并指出问题，发出上百份监理通知单，督促施工单位进行整改，确保了项目的质量与安全目标得以实现。

中国电力工程顾问集团华东电力设计院有限公司

**华东电力设计院办公大楼改扩建工程**

**监理工作评价函**

上海市建设工程监理咨询有限公司委派了资深总监理工程师邹汉军及技术精湛的项目监理团队，为本项目提供监理服务，充分展现了专业能力和敬业精神。

监理团队始终坚持"质量第一"的原则，对每一个施工环节都进行了细致入微的检查和监督。为项目的高品质奠定了坚实的基础。

项目施工环境复杂、施工条件多变，地下结构、多数量异形核心筒、超高悬挑双曲面清水砼云顶等关键工程的顺利完成，也体现了监理团队在技能上专业、在管理上高效、在服务上卓越。

监理团队的专业表现和卓越服务赢得了我们的信任。期待能继续携手合作，共创更多高品质工程。

中国电力工程顾问集团华东电力设计院有限公司

2024 年 9 月 5 日

建设单位对监理工作给予了高度评价，并对监理人员的廉政建设表示了充分的肯定。基于此次合作所积累的经验，该监理单位已在建设单位的其他项目中成功中标，继续提供监理服务。这充分证明了监理单位的专业能力和服务质量得到了建设单位的高度认可。

# 以"让客户依赖、使建筑更美"的理念实施工程监理

## ——苏州相城水厂二期项目

## 一、项目概况

相城水厂二期工程是一座规模为20万m³/日的新建自来水厂，总建筑面积12890.82m²，涵盖配水井及预臭氧池、絮凝沉淀池、砂滤池及反冲洗泵房、深度处理综合池、加氯间、浓缩池、水质检测中心以及数据中心等设施。该项目造价约4亿元人民币，建设周期自2019年10月28日至2022年7月19日。

## 二、监理单位及其对监理项目的支持

苏州建龙工程建设咨询有限公司拥有房屋建筑工程及市政公用工程监理甲级资质，在众多项目中荣获"国家优质工程奖"及"中国土木工程詹天佑奖"。公司通过一系列措施为监理项目提供支持，包括委派优秀监理人员，建立晋升机制，开展专业技能培训，进行开工前交底，定期召开月度总监会议进行交流。同时，公司为项目监理机构配备了先进仪器，强化检查及考核工作；还关注员工福祉，定期组织团建活动、安排健康体检等。

## 三、监理工作主要成效

项目总监理工程师焦青军具有高级工程师职称。针对本工程的特性，监理团队恪尽职守，勤勉执行日常监理任务。对于现场出现的问题，监理团队采取了果断措施，包括必要的管理、适时的停工以及及时的报告，取得了显著成效。各单体工程、设备及系统在投入运行前的调试工作均顺利且成功，调试周期短，确保了项目按计划日期正式供水。在工程实施过程中，监理团队积极采用BIM技术深化设计图纸，通过可视化手段完成形态模拟，构建了BIM+智慧建造体系，并结合工程动态进度的协同管理，使项目管

理更为直观和高效。监理团队经常与建设单位和施工单位进行深入沟通，提出监理意见和建议。对于砂滤池空气仓施工、絮凝沉淀池折板反应区的折板安装等关键施工环节，进行了事先预控。监理团队提出的合理化建议均得到建设单位的采纳，在竣工验收及运行阶段均取得了良好的效果，获得了建设单位集团领导的高度认可和表扬。2020年，本工程被选定为相城区安全文明施工的示范点，并荣获2020年度江苏省建筑施工标准化星级工地两星荣誉。

## 四、建设单位简况

苏州市自来水有限公司系苏州市属国有企业苏州水务集团全资控股子公司，其主要业务范围涵盖自来水供应、市政公用工程施工总承包（三级资质）、机电设备安装、给水排水系统安装、二次供水设备设施安装以及招投标代理服务等。

## 五、专家回访录

在回访过程中，江苏省回访专家组认真听取了建设单位对项目的关键点、挑战及监理服务情况的详细说明。

建设单位代表强调，该项目包含众多独立工程、深基坑、高支撑模板系统、大跨度结构，以及复杂的通风管道、给水排水管道系统和高要求的焊接工艺。特别指出，空气仓混凝土必须保证其气密性，滤池混凝土需要具备良好的防渗性能，而絮凝沉淀池的折板反应区等施工环节必须符合水处理工艺的严格标准。在确保水厂一期正常运行的前提下，拆除废弃加氯车间的过程存在工人中毒的风险。针对这些关键点、挑战、质量及安全风险，监理团队制定了预防性控制措施，严格执行节点验收程序，保证了工程质量，

**关于相城水厂二期工程的评价函**

致：苏州建龙工程建设咨询有限公司

相城水厂二期工程已圆满结束。贵公司派驻现场的全体监理人员，技术业务水平过硬、工作责任心和组织协调能力强。能够全程把控施工过程，提供专业的建议和解决方案，确保施工质量和施工安全，为我们提供了保障和支持，使本工程顺利进行并取得了良好效果。在监理工作的过程中，认真执行相关的验收规范标准，严格把关施工质量、现场安全和材料使用。及时协调和解决各参建单位之间遇到的问题，为我们节省了成本和时间。同时，各监理人员充分配合我们的管理工作，体现了贵公司的技术管理水平。

我们对贵公司现场监理部的工作，给予肯定和认可，对你们的工作，表示感谢！

避免了安全生产事故的发生，为工程品质提供了坚实的保障。

建设单位表示，监理工作的成效是显而易见的，监理团队能够提供专业的建议并制定切实可行的解决方案，为工程的顺利完成提供了有力的支持和保障。

# 优质监理服务促使工程保质保量按期交付

## ——扬子江国际会议中心项目

## 一、项目概况

扬子江国际会议中心坐落于南京市江北新区核心区域，是长江沿岸的标志性建筑。该项目由美国知名建筑设计师设计，总建筑面积18.72万㎡，主楼高度157m，工程造价总计40亿元人民币。该项目相继荣获了中国钢结构"金钢奖""鲁班奖"等在内的125个奖项。

## 二、监理单位及其对监理项目的支持

江苏建科工程咨询有限公司系全国首批监理试点单位之一，致力于为社会提供多元化的咨询服务，持续引领江苏省建筑咨询行业的发展。公司为各类项目配备了专业齐全、人数充足的专家级监理团队；同时，依托母公司江苏省建筑科学研究院的双院士科研实力，为多个工程项目的关键节点提供坚实的技术支撑；此外，公司还充分利用广泛的社会资源，为项目监理机构提供技术和管理的支持。

## 三、监理工作主要成效

项目总监理工程师郭长征具备研究员级高级工程师职称，同时持有注册监理工程师及注册造价工程师执业资格。项目监理机构通过构建设计管理平台，对项目图纸进行了严格的会审与深化设计审查，审核了各类图纸共计7万张，共提出图纸问题573项。为确保项目能够达成既定的进度目标，监理团队调整并审批了7版里程碑节点计划，且在建设全过程坚持实施晨会制度，以便及时跟踪项目进度并纠正偏差。监理团队在质量控制方面，坚持样板先行，注重预控管理，共召开了186次质量专题会议，审核了362份施工方案，通过巡视与验收发现并解决了5万余条问题。此外，总监理工程师还牵头组织了29次方案造价评审，助力建设单位进行质量评价与方案优化，为建设单位节省了项目投资或帮助其选择了更优质的材料与构件。

## 四、建设单位简况

南京市江北新区公共工程建设中心是南京市江北新区管委会直属管理的正局级事业单位，其主要职责为承担江北新区管委会投资及国有融资工程项目的集中建设任务，并负责相关工程项目的监督管理工作。此外，该中心还具体负责江北新区内公共、社会及市政建筑等工程项目的代建组织工作。

## 五、专家回访录

2024年9月24日，江苏省回访专家组对本项目的建设单位进行了实地回访。

建设单位代表指出，项目的顺利竣工与监理单位提供的全面监理服务有着不可分割的联系。监理单位在以下方面发挥了关键作用：首先，通过建立设计管理平台，项目监理机构有效管理了设计图纸的变更和迭代，未发生因图纸错误导致的工程损失。其次，项目监理机构派遣人员参与海关对进口材料的查验工作，加速了验收流程，并对多家钢构件和铝板加工厂实施驻厂监造，及时核实信息并反馈给建设单位，为决策提供了重要依据。再次，监理单位对7版里程碑节点计划进行了纠偏调整，并安排监理人员在工地加班加点，进

**南京市江北新区公共工程建设中心**

**感谢信**

江苏建科工程咨询有限公司：

扬子江国际会议中心建设项目采用EPC建设模式，由江苏建科工程咨询有限公司承担项目监理工作。

贵公司委派的监理团队能够精诚团结，充分发挥团队精神。从设计管理、进度、质量、安全到造价，监理团队能够认真负责，通过每天日报、各项内容专题梳理、总结会等方式落实好监理合同委托的服务内容。监理团队提供给各参建单位的咨询信息是精准、及时的，能为建设单位和EPC联合体的决策提供可靠信息。监理工作一丝不苟，能够严格遵守建设程序和项目制定的制度开展监理工作。监理工作做到严格不苟刻，在项目中发挥了桥梁纽带作用。团队成员职业操守高，能够不分白昼和节假日开展监理工作。监理团队为项目建设目标能够如期达到显著效果付出了辛苦的劳动。

在此，我中心对江苏建科工程咨询有限公司本项目监理团队提出表扬，表达感谢，并希望今后一如既往做好监理工作。

南京市江北新区公共工程建设中心

2021年2月6日

行巡视、检查和验收，确保问题及时得到解决。最后，监理单位的日志记录翔实，为竣工结算审计提供了明确的证据。

综上所述，监理团队在设计管理、进度控制、质量控制、安全生产和信息管理等方面表现出色，为工程保质保量、按期交付做出了重大贡献。

# 项目至上　服务为先　为环保工作贡献监理力量
## ——吴淞江水域综合整治一期工程 A 标段项目

## 一、项目概况

吴淞江流域综合整治一期工程A标段位于昆山市吴淞江流域。总投资46227.0239万元。工程荣获江苏省"扬子杯""标准化监理项目",市政基础设施工程"长城杯"及市政工程最高质量水平评价、水利优质(大禹)奖等荣誉。

## 二、监理单位及其对监理项目的支持

昆山市中建项目管理有限公司具备房屋建筑及市政公用工程监理甲级资质,是江苏省的优秀监理企业,多年来,荣获众多国家级与省级奖项及荣誉。公司致力于监理服务方法的创新,为客户提供更为专业和高效的监理服务。

为确保项目的顺利进行,公司实施了一系列支持举措,包括人力资源的保障、专业培训的支持、设施设备的配备、日常监督检查、创新激励机制以及沟通协调机制等。全力以赴确保项目监理机构顺利开展工作,并向客户提供高质量的工程咨询服务。

## 三、监理工作主要成效

项目总监理工程师倪同荣拥有正高级工程师职称,持有注册监理工程师及注册安全工程师等多项执业资格证书。在他的领导下,项目监理机构采用"动态监理码"技术,对传统监理工作进行了数字化革新,从而提升了项目管理的效率与精准度。在质量控制方面,项目监理机构坚持采用样板引路的方式,严格把控事前预防、事中控制及事后验收等环节,每两周组织一次质量专题分析会议,诊断和解决存在的质量问题,确保了工程质量。同时,秉承"方案先行"的原则,项目监理机构累计审核了192份施工方案,并在巡视、旁站、验收过程中发现并解决了4000余项问题。为了达成进度目标,项目监理机构指导并优化了施工节点计划四次,审批了78份阶段性进度计划;每周定期召开进度推进保障会议，以跟踪项目进度并及时进行调整。这些举措为项目的顺利实施提供了坚实的质量与进度保障。

## 四、建设单位简况

昆山市水务集团有限公司系一家致力于水务和环保等城市基础设施项目及其相关产业的国有企业。该公司主营业务涵盖上述领域的投资、建设、运营与管理，为城市生态文明构建与可持续发展事业作出了积极的贡献。

## 五、专家回访录

在回访过程中，江苏省回访专家组认真听取了建设单位代表关于本工程施工特点、难点、重点以及项目监理机构工作情况的详细介绍。

建设单位指出，本工程涉及大量地下作业、众多隐蔽工程、多个污水处理池，且对防渗和环保标准要求极高。同时，由于沿线单位众多，涉及多个部门，导致协调工作量巨大。尽管面临诸多挑战，监理团队依然凭借其专业能力和高效执行力，圆满完成了各项监理任务。例如，为防止施工过程中不慎切断地下管线，影响居民的正常生产和生活，监理团队在每段污水管施工前，不畏艰难，坚持24小时安排监理人员参与探槽试挖复核工作，并在此基础上协调沿线施工，有效保障了工程进度。

### 昆山市水务集团有限公司文件

**感谢信**

昆山市中建项目管理有限公司：

吴淞江流域综合整治一期工程监理A标由昆山市中建项目管理有限公司承担项目监理工作。

贵公司派驻现场的监理团队在项目总监理工程师倪同荣的领导下，能够精诚团结、勤奋工作；在本项目建设中发挥了重要桥梁纽带作用，监理团队的工作高效而科学，并严格遵守建设程序，工作中一丝不苟。所有监理成员均严格按有关规范和设计文件要求严格把关，监理过程规范、科学；在本项目工程质量、进度、投资各方面控制和安全文明管控方面，均达到了建设单位预期目标的要求。我建设单位非常满意！

监理团队表现出的职业操守高，并为项目建设预期目标的实现付出了辛苦劳动。在此，我建设单位对昆山市中建项目管理有限公司的本项目监理团队提出表扬，以表感谢！并期望能与贵司再次合作，为昆山城市建设再创佳绩。

昆山市水务集团有限公司
2024年9月6日

建设单位代表进一步强调，监理团队对工程质量风险和安全生产风险较高的分部分项工程具有敏锐的识别能力和有效的预控措施；在疫情管控和拆迁工作对工程进度产生影响时，监理团队及时调整控制计划，确保了工程按期完成。总之，监理团队为项目的顺利实施提供了坚实的保障。

# 提升监理服务　交付满意项目

## ——苏州市轨道交通 S1 线工程项目（第一批）S1-JL02 标项目

## 一、项目概况

苏州轨道交通S1线是昆山市东西向公共交通走廊，连接沪苏轨道交通，引领新型城镇化建设，促进交通、产业、空间一体化布局，实现长三角城市群的协同发展。S1-JL02标对应S1线土建3、4标、机电2标施工监理。

## 二、监理单位及其对监理项目的支持

铁四院（湖北）工程监理咨询有限公司位于湖北武汉，系国家高新技术企业。持有工程监理综合资质，其业务范围广泛，包括铁路、公路、城市轨道交通、水底隧道、独立大桥、房屋建筑、市政工程、机电工程等领域的施工监理，以及工程质量检测、材料检测、项目管理、技术咨询等相关业务。

公司实行片区领导责任制，明确由总经理负责生产协调，技术负责人负责技术指导。同时，公司采用"副总经理+副总工+总监"的"三总"片区管理模式，全面指导项目监理机构的"三控两管一协调"和安全生产管理工作。

## 三、监理工作主要成效

本项目总监理工程师夏桂花拥有高级工程师职称，持有多项注册执业资格证书。她组织监理团队深入学习施工图纸，依据合同条款及各类验收标准，结合施工阶段的具体情况，适时调整监理工作重点，确保了事前控制和过程控制的有效性。在监理过程中，项目监理机构审核施工组织设计3份，施工方案320份，编写监理实施细则116份，此外，还组织召开监理例会325次，签发工程暂停令5份、通知单244份。通过项目监理机构对质量、进度及安全生产的严格控制与管理，使项目顺利通过各项验收。实际工期比计划工期提前了6个月，并获得江苏省建筑施工标准化星级工地、全国建设工程项目施工安全标准化工地等荣誉。

## 四、建设单位简况

苏州轨道交通市域一号线有限公司隶属于苏州市轨道交通集团有限公司，是一家直属于市政府的大型国有企业。其主要职责涵盖苏州市轨道交通的规划、建设、运营、资源开发以及物业保障等方面。苏州轨道交通秉持"生命至上，安全第一"的安全理念和"精益求精，精工细作"的质量理念，致力于打造具有百年品质的轨道交通工程。

## 五、专家回访录

苏州轨道交通市域一号线有限公司董事长、总经理及其他部门负责人参与了江苏省回访专家组对该项目的回访座谈会，中国建设监理协会副会长兼秘书长李明安也参加了回访座谈。

建设单位代表对上海至苏州轨道交通S1线工程的设计、施工及监理情况进行了详尽的介绍，内容包括科技创新与专利成果、BIM设计平台的应用、过程资产的可追溯编码系统、工程集成管理、虚拟现实技术的应用以及预警机制等智能建造领域的先进实践。

项目监理机构在智能建造领域积极提出建议，向建设单位贡献了诸多建设性意见，这些意见有效地提升了施工质量并加快了工程进度。监理团队恪守职责，确保了工程质量的可控性及安全生产管理的有效性，与所有参与建设的各方保持了良好的沟通。对于发现的进度延误问题，监理团队及时进行原因分析，并提出了切实可行的解决方案，最终使得工程提前6个月竣工。此外，项目监理机构还协助建设单位编制了《安全隐患排查清单》，为各方提供了排查工具，显著提升了各参建单位的安全生产管理水平。

建设单位对铁四院监理团队的工作给予高度评价。

**苏州轨道交通市域一号线有限公司**

**关于苏州轨道交通 S1 线工程土建及机电安装装修施工监理项目 S1-JL02 标评价函**

铁四院（湖北）工程监理咨询有限公司：

贵公司在参与苏州轨道交通 S1-JL02 标建设过程中，派出专业敬业、认真履职、执行力及凝聚力强的监理队伍坚守施工一线。

在施工过程中，从施工方案的审核到开工令的下达，从工程质量的验收到安全管理工作的巡查，总监组织监理人员认真执行合同、设计文件、验收标准及建设单位管理办法等文件，顺利完成"三控三管一协调"监理工作任务。

项目监理部对现场质量、安全、进度把控得力，协调推进工期目标提前 6 个月实现。安全方面管辖标段获得江苏省建筑施工标准化星级工地、全国建设工程项目施工安全标准化工地。质量方面顺利通过单位工程、项目工程、竣工验收，为项目开通贡献监理力量。

贵单位严格监理、积极履约，在工程建设各个环节作出重要贡献，取得较好的成果。

建设单位（盖章）：苏州轨道交通市域一号线有限公司
2024 年 9 月 13 日

# 监理尽责　外商点赞
## ——浙江波音 737MAX 飞机完工交付中心定制厂房项目

## 一、项目概况

波音737MAX飞机完工及交付中心定制厂房及配套设施建设项目是波音公司百年来首次走出美国本土在海外设立的工厂。项目位于浙江省舟山市朱家尖岛，占地面积约40万m²，总建筑面积约6万m²，主要包括交付中心、完工中心、喷漆机库等10栋单体建筑及停机坪等室外工程。

## 二、监理单位及其对监理项目的支持

浙江工程建设管理有限公司是浙江省建科院的全资子公司，拥有工程监理综合资质。公司服务的项目先后荣获包括"鲁班奖"在内的众多工程奖项。在本项目建设过程中，公司致力于通过精细管理打造精品工程，派驻了高水平的监理团队，并组织了公司技术专家团队进行高密度的现场会诊和课题研究。公司为项目监理机构提供了包括人力、资金、技术和管理在内的全方位支持和保障。

## 三、监理工作主要成效

项目监理机构以总监理工程师周军为核心，组建了一支高素质的监理团队，秉承勤奋耐劳、专业奉献、追求卓越、责任担当的工作理念。面对国内规范与美国波音公司《SHEILSS手册》及《DB手册》的双重标准，以及"喷漆中心""洁净空间"等特殊技术要求，监理团队展现出了勇于面对挑战、敢于承担管理职责、严格执行标准的坚定态度。此外，项目监理机构还积极进行组织协调工作，发挥其作为沟通桥梁的作用，确保与其他相关项目的进度协调一致，并与地方管理部门进行深入的讨论与实践，共同提高对高科技项目的管理水平，项目终创航空佳作。项目竣工后，不仅获得了建设单位的高度认可，也得到了使用方美国波音公司的极高评价。该项目荣获包括中国钢结构金奖、全国优秀焊接工程、"鲁班奖"在内的26个奖项。

## 四、建设单位简况

舟山航空投资发展有限公司是浙江省舟山市的核心国有企业，隶属于舟山交通投资集团。其主营业务涵盖航空产业园区的投资、开发、建设及运营，同时涉及货物与技术的进出口业务。公司致力于将舟山建设成为全国航空高端研发制造基地，为舟山及周边地区的航空产业发展做出了重要贡献。

## 五、专家回访录

2024年9月12日，浙江省回访专家组对本项目的建设单位进行了回访。

建设单位代表认为这个项目具有特殊性，属于政府出资建成后出租给波音公司使用，需要同时满足国内及美方的双重标准，因此对监理单位的技术、管理能力均有非常高的要求，既要有强有力的技术团队支持，更要有类似的工程业绩，最后浙江工程建设管理有限公司通过公开招投标中标也是实至名归。

建设单位对监理单位的工作表达了高度的满意和赞赏。他们认为在监理服务中有诸多亮点：

一是超值服务，双方签订的是监理合同，建设单位实际得到的是"监理+系列咨询服务"，花一份钱得到了多份专业服务；二是人员配置高，为满足现场需求，监理人

**舟山航空投资发展有限公司**

**感谢信**

波音737MAX飞机完工及交付中心定制厂房及配套设施建设项目工程由我司投资建设，项目监理单位为浙江工程建设管理有限公司。

监理单位根据本工程特点及我方要求组建了项目监理部，专业配套齐全，人员分工明确，岗位责任落实。面对中美双方施工标准及建设管理理念的差异，项目监理部全体人员勇于应对挑战，热情服务、严格监理，严谨把控施工阶段的质量、进度、投资，认真落实合同及信息管理，忠实履行安全生产管理监理职责。

本项目管理单位众多，管理难度大，监理单位居中组织沟通，进行有效协调，为推动项目建设起到了关键作用。

我们认为，浙江工程建设管理有限公司是一家优质管理公司，值得信赖，希望有机会再次合作。

舟山航空投资发展有限公司

2024年9月12日

员配备数量和素质都高于合同约定；三是标准超高，本项目需满足国内规范标准及美国波音公司双重要求，监理团队适应能力强，企业总部全力支持，最终工程同时满足了中美两国的标准。项目竣工验收后，为项目顺利移交，在美方投入使用前监理单位始终保持着完整的现场管理团队，工作不打折扣，配合建设单位做好项目移交。让建设单位切实感受到了监理单位的社会责任担当，也获得了外商的点赞。

# 从"信任"到"信赖"的升华
## ——普陀山观音法界正法讲寺项目

## 一、项目概况

普陀山观音法界正法讲寺项目位于浙江省舟山市朱家尖白山景区，由20个院落、111个单体组成，总建筑面积95687m²，总投资约11亿元人民币。工程遵循宋代《营造法式》，整体沿袭宋代寺院"伽蓝七堂"形制，是目前国内最大的仿宋女众佛学院。该项目先后获得"鲁班奖""中国土木工程詹天佑奖""国家优质工程金奖"等各种奖项。

## 二、监理单位及其对监理项目的支持

东南建设管理有限公司是浙江省率先获得监理综合资质的企业之一，专注于工程项目管理及全过程工程咨询业务。其业务范围涵盖设计、监理、造价、招标代理等众多方面，先后荣获"全国先进监理企业""全国守合同重信用企业""浙江省文明单位"等多项殊荣。公司特别为该项目组建了专家工作组，负责统一指导项目监理机构的技术管理工作，定期进行项目巡检与督察，以确保服务质量。同时，公司在人员配置、资源配置、制度建设、信息管理、技术支持、协调能力及沟通效率等方面提供了全方位的支持。

## 三、监理工作主要成效

本项目总监理工程师王建文拥有超过三十年的专业工作经验，成功完成了20余项大型项目管理与监理工作。本项目是一组仿宋风格的建筑群，由于单体众多、造型复杂且施工难度较大，为了确保达到设计效果，项目监理机构采用了BIM技术，有效预防了施工过程中的工序错误，及时识别设计图纸中的错、漏、碰、缺等问题。监理团队提出实施样板和样板段施工来验证施工工序、工艺效果及质量，从而提升了工程质量并加快了施工进度。针对本项目中遇到的"大型软土地基处理"、"歇山式屋面"以及"大型木构榫卯加工与吊装"等技术挑战，监理单位积极组织技术攻关，并通过BIM模拟施工进行应对。同时，依托"监理通"信息平台，实现了总部与项目监理机构之间的实时协同工作和资源共享，为项目的顺利实施提供了坚实的支撑。

## 四、建设单位简况

普陀山佛教协会，作为传播佛教教义、服务佛教徒的民间组织，致力于组织多样化的宗教仪式，推广佛教文化，开展佛学研究与教育工作，提供慈善援助及参与社会公益项目，旨在促进佛教文化的继承与发扬。

## 五、专家回访录

2024年9月12日，浙江省回访专家组对本项目的建设单位进行了回访。

观音法界的常慈法师表示："我们第一个项目占地350多亩，面积很大，王建文总监每天早上6点就来到现场巡视各工作面，8点30分向监理人员作一天的工作交底；9点与建设单位沟通，然后与施工单位沟通、落实现场工作。从2016年起，8年2500多天，天天如此。我们对监理团队已经从'信任'变成了'信赖'！这也是我们把后续三个项目都委托给东南监理的重要原因。"

项目监理机构的卓越表现体现在：

1. 总监强引领：总监理工程师的领导风格扎实硬朗，长期驻扎现场，全程主导现场管理。2. 责任抓落实：监理团队注重

普陀山佛教协会观音法界工程建设指挥部

**感 谢 信**

普陀山观音法界正法讲寺项目由东南建设管理有限公司实施监理。项目监理机构在公司人才、技术、管理的强力支撑下，项目监理机构对标鲁班奖质量目标，管理团队呈现出"总监强引领、责任抓落实、工作讲协同"的管理态势，以其出色的专业能力、工作态度和沟通协调能力，高标准把控项目建设全程，全程为我们业主提供高效能的保障支持，圆满完成了合同管理的各项目标任务。如今项目圆满落地，使用正常、运行良好，完全满足使用安全和功能要求，得到一社会各界的普遍好评。

我们认为，东南建设管理有限公司管理团队"管理科学高效、服务优质规范、信誉争创一流"，是值得信赖的工程项目管理合作伙伴。

普陀山佛教协会观音法界工程建设指挥部

2024年9月12日

责任分工协作与落实，确保责任到人、任务到岗、及时闭环。3. 工作讲协同：团队强调协同工作、持续改进，向更高标准迈进，确保实现整体目标。4. 严格把四关：以"先"创优，确保宋式古建创优；以"标"保稳，确保项目安全生产无虞；以"细"推进，确保进度按期实施；以"准"控量，精心管控项目投资。

# 优质监理筑基石　同铸蓝盾护平安
## ——绍兴市公安局业务技术用房项目

## 一、项目概况

绍兴市公安局业务技术用房作为绍兴公安的"大脑"和"情、指、联、勤一体化合成作战中心",是集多种关键功能于一体的现代化公安业务中心。项目总建筑面积65324.96m²,建有刑事科学技术研究所、网安电子数据取证分析实验室、枪弹痕迹检验室、技侦业务训练用房、档案中心等功能用房。项目荣获"鲁班奖"优质工程,实现了"领先全国,工程一流"的建设目标。

## 二、监理单位及其对监理项目的支持

浙江公诚建设项目咨询有限公司拥有工程监理综合资质。为保障该项目能够如期圆满完成,公司精心挑选了经验丰富且具备专业知识的监理人员组建了项目监理机构,以确保监理团队的综合素质和专业能力;同时充分利用内外部专家的专长进行全程服务,及时发现并解决基坑处理、大跨度钢结构吊装、复杂机电安装工程管理等技术难题;确保项目能够按照"亚运会"的要求提前竣工,充分展现了公司的实力和责任感。

## 三、监理工作主要成效

项目总监理工程师陈伟明从事监理工作25年,曾主持过多项创杯工程,荣获"浙江省优秀总监"和"绍兴市优秀项目总监"等称号。在本项目中,监理团队每天坚持跟踪复验,确保质量达到创杯标准。针对风险较高的主楼屋顶桁架施工、难度较大的副楼钢结构吊装、拼装及焊接施工等方面严格监理,使得施工质量得到稳步提升,确保项目无一起安全生产事故。监理团队还出具工程进度款审核单28份、审查联系单101份、监理审核意见书74份、无价材料询价记录67份,有效为建设单位节省了投资。

## 四、建设单位简况

项目建设单位为浙江省绍兴市公安局，业务技术用房建设项目的建成使用，提高和改善了公安系统的业务技术用房及办公办案工作环境，进一步提升了绍兴公安队伍信息化技术水平，为地区公安更好地服务于属地经济建设提供了良好的运作和维护平台。

## 五、专家回访录

2024年9月11日，浙江省回访专家组对本项目的建设单位进行了回访。

建设单位对监理单位及现场监理人员高度评价，并多次提到"监理工作的重要性"。据建设单位介绍：本项目时间紧、任务重。为满足"亚运会"使用要求，监理单位采取了一系列有效措施，展现了其专业、高效和全面的监理能力：

1. 对项目监理团队进行了优化升级。公司针对本项目的特殊性，配备了专业全面、人数充足的专家级监理团队，并对所有监理人员进行了政治素质、保密素质、技术素质等方面的专门培训，以强化其责任意识、服务意识和履职能力。

2. 组织专家全过程服务。公司积极发挥内外部专家作用，及时发现技术难题。并通过召开现场分析会的方式，与项目监理团队和施工方共同商讨解决方案，确保了施工质量的稳步提升。

3. 坚持"每日午间例会"制度。监理团队与建设单位、施工单位坚持每天"午间例会"，及时总结当天的工作情况，明确下一步的工作计划和重点，实现了"当日事、当日毕"的高效工作模式。

4. 共同抗疫保进度。监理团队会同各参建单位通过科学合理的组织安排，抗疫、施工两不误，最终，项目提前300天完成了建设任务。

**感　谢　信**

绍兴市公安局业务技术用房建设项目，由浙江公诚建设项目咨询有限公司实施全过程监理，该公司委派的项目监理团队能切实履行监理责任，为提升项目质量、节约成本、缩短工期和确保安全文明施工起到了显著的推动作用。

该项目总监及其监理团队不仅具备扎实全面的专业知识，更具有主动作为的服务意识、务实奉献的敬业精神，全天候跟踪服务，不舍昼夜、加班加点，积极协调各项工作有序紧凑开展，想业主所想、急业主所急，是业主的好参谋、好帮手，真正称得上"工程卫士、建设管家"。

最终项目在较短的合同工期下顺利完成，并荣获全国建设工程安标化工地、中国建设工程鲁班奖，同时，项目投资也得到有效控制，取得了理想的建设成果。

浙江公诚建设项目咨询有限公司以实际行动体现了一个优秀监理企业的担当和能力，我局对该公司的监理服务给予充分肯定和高度评价。

绍兴市公安局<br>2024 年 9 月 12 日

# 智慧快速路工程中的数字监理人
## ——绍兴越东路及南延段智慧快速路项目

## 一、项目概况

本项目是浙江省第一座城市预制装配式高架桥梁，绍兴市区首条智慧快速路。项目建安投资23.97亿元人民币。工程道路全长9.3km，其中高架桥总长8km。工程采用全国首创的大悬臂分段预制拼装盖梁"反拉法"进行施工，运用目前最先进的智慧交通管理技术，借助物联

网、大数据、云技术、互联网+、人工智能等，可实现智慧照明、雷达预警、结构健康监控、无人驾驶、WIFI全覆盖。项目已建成通车，形成杭绍甬一小时交通圈，全面融入长三角区域发展。

## 二、监理单位及其对监理项目的支持

浙江中誉工程管理有限公司是一家集工程监理、招标代理、造价咨询、政府采购、司法鉴定、项目管理以及全过程工程咨询等多元化服务于一体的咨询企业。为确保项目能够实现既定的质量、进度目标，公司精心组建了以中青年为核心的项目监理机构，并特别设立了项目管理中心，为项目监理机构提供支持；同时，公司组建了BIM技术团队，配备了无人机等设备，为项目提供高效、精确的智慧监理服务。此外，通过实施常态化巡查和阶段预验收等措施，全方位保障项目的顺利进行。

## 三、监理工作主要成效

项目总监理工程师陈伟展现出卓越的综合协调能力，引领监理团队恪尽职守。他主动参与该项目"大悬臂混凝土盖梁节段拼装反拉法"等多项技术难题的攻关工作，成功申请了"一种大跨径钢梁垂直提升及安装系统""一种预制盖梁的架设施工方法"两项发明专利。在总监理工程师的领导下，项目监理机构利用BIM平台，创新性地结合"数

字化+无人机"技术，有效解决了多项施工中的难题，取得了显著成效。在监理过程中，监理团队严格控制施工质量和安全，获得了建设单位和施工单位的一致好评。该项目亦荣获"钱江杯"等省市级奖项。

## 四、建设单位简况

绍兴晟越建设发展有限公司地处浙江省绍兴市越城区。其业务范围涵盖市政道路工程、房屋建筑工程、架线与管道工程、城市轨道交通工程以及道路、桥梁和绿化设施的清洁与养护服务等。

## 五、专家回访录

2024年9月11日，浙江省回访专家组对本项目的建设单位进行了回访。

建设单位代表介绍了项目建设及监理工作情况。他们认为监理单位在本项目的监理服务中以实际行动践行投标承诺，助力项目获得"钱江杯"。真正发挥了工程监理在质量把控和安全生产管理的作用，成为项目顺利建成的坚实后盾。建设单位对项目监理机构采用的BIM技术、无人机巡视等智慧监理手段印象深刻。这些创新技术的应用极大地提高了项目管理的效率和准确性。特别值得一提的是，监理团队提出在本项目中使用"一次性止浆阀门施工方法"的合理化建议，经施工单位实际运用，保障了预制拼装桥墩关键节点的施工质量，这一方法在全市范围内得到了推广应用，为整个行业的发展做出了积极贡献。

绍兴晟越建设发展有限公司文件

越东智慧快速路项目评价函

浙江中誉工程管理有限公司在绍兴市首条开工建设的智慧快速路整个施工监理过程中，展现出了极高的专业素养和敬业精神，为我方提供了科学、独立、公平的监理服务。采用的数字化智慧管理手段，极大地提高了工作效率，充分展现了"智慧快速路上智慧监理人"的风采。

贵公司强烈的服务意识和责任担当，给我方留下深刻印象，你们用实际行动诠释了工程监理的管理责任和工程质量、安全的守护者的意义使命。

"千古百业兴，先行在交通"。交通是现代城市的血脉，血脉畅通，城市才能健康发展。在此，我们衷心感谢中誉公司为本项目的质量与安全保驾护航，希望贵司在今后能够继续发挥专业优势和服务优势，期待未来再度携手，共创城市建设辉煌。

绍兴晟越建设发展有限公司
202  年 9 月 20 日

此外，监理团队为建设单位提供了大量增值服务，如周边绿化迁移和原管网迁改等，为项目的顺利推进创造了有利条件。监理团队表现出的担当精神和服务意识，充分体现了中誉监理的专业性和对客户的承诺，他们提交的《监理工作总结》不仅受到了所有参建单位的一致好评，更为绍兴地区后续快速路工程的监理工作提供了宝贵的经验和参考。

最后，建设单位对中誉监理团队的能力和服务表示了极大的赞赏。

# 严把质量关　交付"好房子"
## ——台州市"天合府"项目

## 一、项目概况

"天合府"项目位于台州市椒江区，系精装交付住宅小区，总建筑面积82664m²，其中地下建筑面积37685m²，地上建筑面积44979m²，由4幢18层及2幢17层住宅组成，本项目实现了"一次性收房率100%"、"入住率100%"、"建设单位满意度100%"。

## 二、监理单位及其对监理项目的支持

台州市建设咨询有限公司是台州市国资委下属国有企业，台州市全过程工程咨询与监理管理协会会长单位。公司连续多年被评为"浙江省优秀监理企业"，浙江省AAA级"守合同重信用"企业。为圆满完成本工程的监理任务，公司选拔了具有丰富经验的监理人员组建项目监理机构，按照监理工作需要配置了相应的设施设备，定期由公司领导带队前往项目监理机构检查、考核与培训，保障了项目建设的顺利推进。

## 三、监理工作主要成效

项目总监理工程师徐景佳所领导的监理团队积极采用BIM技术及"安心收房"数字管理平台，有效实施了"样板引路""实测实量""分户验收"等关键工作，严格把控工程质量，确保每位购房者能够接收到品质优良的住宅。同时，监理团队对混凝土结构、防水层和装饰层进行了三次全面的48小时蓄水试验，有效预防了渗漏问题的发生。此外，监理团队还协助建设单位成功举办了三个阶段的"100%业主开放日"活动，分别在基层、面层和交工前进行，充分展示了工程的优良品质。这些措施不仅提升了房地产及监理行业的整体形象，还促进了"天合府"项目从单纯的房屋建设向营造生活品质的转变，获得了台州民众的高度评价。

## 四、建设单位简况

方远房地产集团有限公司是方远集团的核心企业，专注于房地产开发业务，具有房地产综合开发一级资质。公司业务范围涵盖住宅、工商业及养老地产等多个领域。凭借其卓越的开发能力和持续的创新能力，公司连续多年在区域行业中占据领先地位，成为台州市最具竞争力和发展潜力的房地产开发商之一。

## 五、专家回访录

2024年9月13日，浙江省回访专家组对本项目的建设单位进行了访谈。

建设单位代表详细介绍了项目建设及监理工作的进展情况。监理单位作为国资委下属企业，凭借其专业实力和高市场信誉，与建设单位建立了长期的战略合作伙伴关系。监理单位致力于在监理行业中发挥示范作用，并高度重视廉洁文化建设。

在项目监理过程中，针对建设单位普遍关注的渗漏水问题，监理团队与建设单位共同创新，引入了"三次全屋48小时蓄水试验"，通过严格细致的检查和整改，全面确保了防水层的性能，为项目提供了坚实的防渗漏保障。

在精装修环节，监理团队追求卓越，与多方合作实施了"三重样板引路"措施，采用可视化管理，提升了装修施工的标准化和规范化水平。

台州建设咨询的工作树立了监理行业的新标杆，为"天合府"小业主带来了更安心、更舒心的"好房子"。

**方远房产**
FANGYUAN REAL ESTATE

**感谢信**

"天合府"是台州人民有口皆碑的"好房子"。台州市建设咨询有限公司严格按照合同约定派驻经验丰富的监理人员，在总监理工程师的领导下，遵循"科学、诚信、公正、守法"的职业准则，严格按照设计图纸和规范要求，主动有为，用优秀的监理工作保证了优秀的工程质量，有效维护了甲方和全体购房业主的合法权益。

贵单位在项目监理过程中积极运用BIM技术和"安心收房"数字化监管平台等现代化的管理手段，积极开展"实测实量"、"分房验收"工作，抓质量安全、抓"通病防治"，有效提升了本工程的管理水平。

通过本次合作，我司由衷地感受到"好房子"也是监理出来的！感谢台州市建设咨询有限公司为我司提供的优质监理服务！愿与其继续保持真诚合作！

方远房地产集团有限公司
2024年11月5日

# 精心监理助力政府招商引资

## ——安徽新桥汽车零配件产业园一期项目

## 一、项目概况

新桥汽车零配件产业园一期项目是2022年度安徽省寿县人民政府重点招商引资项目，也是新桥国际产业园区首个外商独资项目。项目位于安徽省寿县新桥国际产业园和谐大道与新业大道交叉口西南侧，占地36亩，总建筑面积16322.42m$^2$。为外商德资企业"劳士领集团"定制化厂房。该项目于2022年3月份开工，7月份竣工投产。

## 二、监理单位及其对监理项目的支持

安徽远信工程项目管理有限公司具有工程监理综合资质，是国家认证的高新技术企业。公司致力于提供高端智能化、专业化的监理服务。为确保本项目的顺利交付，公司为项目监理机构配备了必要的办公设施及高精准度的检测设备，并提供全面的信息化后台服务、专业的技术支持以及系统的专业培训。公司定期对项目监理机构实施巡查，以确保工程质量与施工安全，并积极助力打造优质工程项目。

## 三、监理工作主要成效

该项目的总监理工程师费科以其敬业精神和卓越的组织沟通能力，为项目的顺利进行提供了坚实保障。在他的领导下，项目监理机构自工程启动之初便严格执行了原材料管理，并对验收流程进行了优化，同时加强了施工质量的过程控制，确保所有隐蔽工程和分部分项工程均按照图纸和规范要求进行验收。此外，监理团队对安全生产实施了严格管理，确保了施工安全。面对紧迫的工期和频繁的变更，项目监理机构运用BIM技术有效解决了设备安装中的问题，并引入了Tekla、CAD和3DMAX等技术工具来提高钢结构的精确度。智能信息管理平台的应用显著提升了资料管理的效率，确保了信息资料的完整性和准确性。

项目荣获2022年度淮南市建筑工程"安全文明标准化工地"奖、2023年度淮南市建设工程"舜耕杯"奖以及2024年度安徽省建设工程"黄山杯"奖等。

## 四、建设单位简况

安徽新桥投资开发有限公司隶属于寿县国有资产监督管理委员会，是一家国有独资企业。该公司注册地位于寿县新桥国际产业园。其主要业务包括负责寿县新桥国际产业园的投融资活动以及项目建设的管理工作，资金来源主要是财政资金和企业租赁所得收益。

## 五、专家回访录

安徽省回访专家组于2024年9月10日对建设单位就本项目监理服务工作进行了回访。

建设单位表示，该项目监理是通过邀请招标方式进行的，当时邀请了几家具有良好声誉和业绩的监理单位参与投标，旨在优选一家实力雄厚、服务优质的监理单位来负责本项目的监理工作。

鉴于该项目工期紧迫、质量标准高以及工艺设备安装复杂等特点，监理单位中标后迅速组建了项目监理机构并进驻现场。面对连续的阴雨天气和疫情的挑战，监理团队成功实现了3月份开工、7月份投产的目标。监理团队展现出强烈的责任心，恪守职业道德，具备高水平的专业技能和强大的执行力。在钢结构的制作安装、工艺管道及设备安装等关键环节，通过运用BIM等技术进行预先规划，确保了安装的精确性，实现了

### 安徽新桥投资开发有限公司文件

**建设单位评价函**

新桥零配件产业园一期项目是在园区围绕合肥以及长三角产业转移，大力发展新能源汽车及零部件等产业的大背景下应运而生，是专为德资企业"劳士领集团"定制化厂房。

本项目于2022年初立项，2022年2月份完成施工图设计、监理招标、施工招标并于2022年3月1日正式开工，项目起点高、质量严、工期紧，施工合同工期只有90天，场地自然环境恶劣，在基础施工过程中连续降雨达十多天，在主体施工过程中又遇到新冠疫情，影响材料及人员流动，直接影响合同工期（因疫情影响工期30天）。

在如此短的时间内完成基础结构、主体结构、装饰装修、室外附属工程并交付使用单位使用，安徽远信工程项目管理有限公司新桥汽车零配件产业园一期项目监理部全体监理人员不畏艰难，战严寒、斗酷暑，高标准、高质量完成了合同内全部监理任务，且施工过程未发生质量、安全事故，这充分体现了全体"远信人"的职业素质和专业水平能力。为德资企业"劳士领集团"赢得安徽大众的订单提供了充分的保障，也为园区接下来的招商引资工作和园区建设信誉打下了坚实的基础。对此建设单位对安徽远信工程项目管理有限公司表示衷心的感谢，也希望后期能一如既往地支持园区工程建设工作，为园区建设发展添砖加瓦。

安徽新桥投资开发有限公司
2024年09月10日

"零"返工，既保障了工程质量，也满足了外商对工期的要求。此外，监理单位在组织和协调方面发挥了积极作用，甚至在一些超出监理职责范围的工作上也得到了建设单位的高度评价，完全符合建设单位邀请招标监理单位的预期目标。

# 发挥专业化优势　提升监理服务价值

## ——池州海螺四期万吨熟料生产线及隧道项目

## 一、项目概况

池州海螺四期万吨熟料生产线及隧道工程是安徽池州海螺水泥股份有限公司投资建设的一条技术先进、绿色低碳的新型干法水泥生产线，由合肥水泥研究设计院有限公司负责施工阶段的监理工作。该项目于2021年4月正式开工，至2022年8月已顺利竣工并投入生产。

## 二、监理单位及其对监理项目的支持

合肥水泥研究设计院有限公司隶属于中国建材集团有限公司，致力于建材行业的设计、咨询和监理服务，持有房建、冶炼、矿山等领域的监理甲级资质，以及电力、市政、机电等领域的监理乙级资质，为水泥、建材、矿山等行业提供专业的监理服务。本项目监理过程中，公司在监理人员的配置、专业技能的配备、仪器设备的提供、技术咨询、资源保障、管理措施以及项目检查等多个方面，均提供了有力的支持。

## 三、监理工作主要成效

项目总监理工程师尚学文在工程监理领域已深耕30余载，工作态度尽职尽责，职业技能全面而精湛，在沟通协调方面展现出卓越的能力。因其杰出表现而多次荣获安徽省及行业协会授予的各项荣誉称号。在其领导下，项目监理机构对工艺和管道优化、设备基础、设备安装、非标连接、电缆敷设等方面提出多项合理化建议。监理单位发挥总部专业设计人才优势，根据工作需要组织专业设计人员对项目设计图纸进行认真审核，发现各类问题23项，通过与建设单位沟通，及时优化和解决了这些问题。经监理团队尽心尽责的工作，施工期间未发生工程质量和安全生产事故，实现了预期的进度、质量、投资控制和安全生产管理等目标，为项目顺利竣工投产做出了积极贡献。

## 四、建设单位简况

安徽池州海螺水泥股份有限公司作为海螺集团旗下的核心熟料生产基地，已成功打造八条水泥熟料生产线，其熟料产能达到每日45000t，并配备了年产能达220万吨的水泥粉磨系统。此外，公司还装备了五套纯低温余热发电机组，年自供电量高达5.9亿kWh。公司凭借卓越的表现，荣获了包括"全国建材行业先进集体"和"安徽省五一劳动奖状"在内的多项荣誉奖项。

## 五、专家回访录

安徽省回访专家组于2024年9月12日对建设单位就本项目的监理服务进行了回访。

建设单位表示，监理单位针对本项目专业性较强的特点，组建了专业化的项目监理机构，监理人员具备全面的水泥生产线专业知识，展现了专业性、敬业精神和严谨的工作态度，以及强大的执行力。他们紧抓工程质量和安全生产两大主要工作，质量控制重点抓好生料库筒仓滑模、预热器框架、石灰石堆场和原煤堆棚网架、回转窑和辊压机大型设备基础等关键部位和工序的施工；安全生产管理着重抓好滑模施工、网架施工和大型设备吊装等危大工程施工。

总监理工程师在干法水泥生产工艺方面拥有丰富的经验，专业素养高，组织协

> **池州海螺水泥股份有限公司**
>
> **关于池州海螺四期万吨熟料生产线及隧道项目的评价函**
>
> 合肥水泥研究设计院有限公司（合肥院）是我单位招标选定的四期万吨熟料水泥生产线及隧道工程监理单位。项目监理部员工敬业热情，专业技能强，监理经验丰富，取得显著成效，获我单位好评。
>
> 中标后，合肥院迅速组建监理部，由优秀总监尚学文担任总监，选派精英团队，专业配置合理，资源保障到位。
>
> 项目实施中，监理部遵守职业道德，认真执行国家法律、法规、标准、规范，严格履行合同，落实"三控两管一协调"及履行安全生产管理职责，积极沟通和协调参建单位，充分发挥合肥院在水泥生产线建设方面的专业优势，提供增值服务。利用信息化、数字化管理提升服务质量，规范资料管理，信息管理高效准确。合肥院与我单位保持密切沟通，全力支持监理工作，确保项目质量、安全、进度目标有效控制，项目圆满竣工，验收通过。
>
> 监理人员严谨作风、优良操守、专业能力给我单位留下深刻印象，愿与合肥院继续合作。
>
>
>
> 安徽池州海螺水泥股份有限公司
> 2024年9月日

调能力出众，能够高效地协调施工单位，确保了各参建单位和专业领域的有序施工。监理单位还充分利用其在水泥设计和总承包管理方面的丰富经验，为本项目在工艺方案、基础处理、设备安装等方面提出了诸多有益建议，对项目的提前竣工投产起到了显著的促进作用，赢得了建设单位的高度评价。

# 注重使用安全　打造幼儿园精品工程
## ——含山县运漕中心幼儿园项目

## 一、项目概况

含山县运漕中心幼儿园建设项目坐落于安徽省马鞍山市运漕镇，项目总占地面积约10646m²，总建筑面积约7800m²。本项目为新建一座独立建筑，地上三层，地下一层，建筑总高度为15m，配置18个幼儿教学单元。总投资约为3400万元人民币。

## 二、监理单位及其对监理项目的支持

安徽中祥建设项目管理有限责任公司拥有工程监理甲级资质，位于安徽省合肥市蜀山区。公司致力于通过提升监理人员的综合能力，为客户提供最佳的监理服务。在本项目的监理过程中，公司委派了经验丰富的监理人员并加强对项目监理机构的检查与考核，协助解决施工中的问题，为该工程项目的顺利完工提供了坚实保障。

## 三、监理工作主要成效

项目总监理工程师徐佳荣获过安徽省"优秀监理工程师"及池州市"优秀总监理工程师"等荣誉称号。在其领导下，项目监理机构深入施工现场，对每一个施工细节都进行了严格的把控。特别是对项目运行期间的使用安全问题，进行了逐项检查，共发现并提出了32项影响幼儿使用的安全隐患，并进行了跟踪处理，确保了隐患得到彻底消除，不留后患。监理团队对施工过程中的每一道工序都进行了细致的检查和验收，共签发了

116份质量问题监理通知单，确保工程质量完全符合设计要求。同时，监理团队对施工单位的进度进行了实时监督，及时发现并解决了存在的问题。此外，监理团队对施工现场的安全设施及人员行为进行了严格的检查，共签发了83份安全问题监理通知单，及时消除了安全隐患，确保了项目的顺利完成并交付使用。该项目荣获了2024年马鞍山市建设工程"翠螺杯"奖。

## 四、建设单位简况

含山县重点工程建设管理中心位于安徽省马鞍山市含山县，承担着为该县重点工程建设提供全面服务的职责，包括但不限于基础设施项目以及公益性项目的建设与管理任务。

## 五、专家回访录

安徽省回访专家组于2024年9月13日对建设单位及使用单位就本项目监理服务情况进行了回访。

建设单位对监理人员的专业技术水平及强烈责任心给予了高度评价，指出监理人员在现场能够敏锐地发现并有效解决各类问题。特别是在针对幼儿园这一特殊建筑类型时，监理人员提出了诸多关于使用安全、建筑造型、色彩搭配以及使用便捷性方面的建设性意见，这些意见得到了建设单位和使用单位的一致好评。在项目开工前期，监理团队加强了对施工招标清单与施工图的核对工作，提前识别并解决了潜在问题。特别注重运营过程中的使用安全问题，积极与建设单位协作寻求解决问题的方案。

### 含山县重点工程建设管理中心

#### 评价函

安徽中祥建设项目管理有限责任公司中标承担的含山县运漕中心幼儿园项目施工监理服务，在各级主管部门的大力支持下，在该公司领导的关心和派驻现场项目监理全体监理人员共同努力下，项目现已顺利交付。

本项目作为我县一项重要的教育基础设施公共建设工程。项目中标后，中祥公司高度重视，及时组建了一支专业素质高、经验丰富的监理团队。安排了公司副总经理、市级优秀总监徐佳同志担任项目总监，选派经验丰富、能力过硬、态度积极的技术骨干担任专业监理工程师、监理员，各专业配置合理。工程建设期间，该公司坚持热忱服务、严格监理、追求卓越、全面咨询的服务理念，克服了项目工期紧、任务重、周边环境复杂等困难。特别是疫情期间，项目监理部全体工作人员坚持在岗、积极协调相关工作，推进工程正常施工，展示了"中祥人"优秀的专业素养和时刻服务业主的意识，同时，中祥公司与我单位保持密切沟通，齐抓共管，公司安全质量部每月定期、不定期地组织对项目监理部工作和项目现场开展检查和督促，全力支持监理部做好监理服务工作，监理人员严守职业道德。该项目荣获2024马鞍山市建设工程"翠螺杯"奖（市优质工程），同时取得马鞍山市"安全标准化示范工地称号"。充分发挥了中祥公司"为客户实现价值、为社会打造精品"的企业精神。

我单位对安徽中祥建设项目管理有限责任公司监理工作给予高度评价和充分肯定。希望该公司继续保持优良的管理风范及服务理念，能够继续与该公司保持良好的合作关系，共同为推动建设监理事业的高质量发展而努力。为我县重点工程项目建设做出新的贡献！

含山县重点工程建设管理中心
2024年09月

监理单位将本项目列为公司重点监理项目，公司分管领导亲自带领职能部门每月至少一次前往项目现场进行检查、指导和培训，并从资源配置、技术支持和后勤保障等多方面为项目监理机构提供保障，获得了建设单位和使用单位的高度认可。项目因此得以高质量按期交付，建设单位和使用单位对工程质量极为满意，同时也赢得了孩子们、家长们的广泛赞誉。

# 拓展监理范围　为项目提供高质量增值服务
## ——合肥市包河区人工智能视觉产业港（中国视界）
## 启动区项目

## 一、项目概况

合肥市包河区人工智能视觉产业港（中国视界）启动区项目，总占地面积76.03亩，园区规划建设面积18万m²，总投资9.9亿元人民币，建筑高度96m，包括4栋高层科研办公楼、4栋多层科研办公楼以及1栋创新体验中心，地下车库2层。

## 二、监理单位及其对监理项目的支持

恒泰工程咨询集团有限公司具备工程监理综合资质。集团累计承担的监理业务投资总额约为3200亿元，其监理的项目荣获众多省市级奖项。集团对项目监理机构执行全面的检查制度，创新性地构建了星级总监和星级项目监理机构体系，以充分彰显总监理工程师在管理中的核心地位。集团在人员培训、设施配置、技术支持以及廉政建设等多个领域，为项目监理机构提供了全面的支持和保障。

## 三、监理工作主要成效

张春红总监理工程师凭借其卓越的工作表现和深厚的专业知识，荣获安徽省"优秀总监理工程师"称号，领导项目监理机构进行科学的事前规划，有效保障了监理工作的高效运行。在项目A3号楼与A4号楼连廊区域的高大模板施工环节，监理团队引入了先进的高大模板监测系统，实现了对模板及支撑架体安全状态的实时监控，确保了施工安全。监理团队秉持样板先行的理念，运用BIM技术实现了施工模拟与管理的精准化。同时，实施安全网格化管理，有效遏制了违章指挥、违章作业及违反劳动纪律等"三违"行为。在质量、进度及投资控制方面，监理团队严格把关，确保了项目的高质量完成。此外，监理团队注重协调各方关系，确保了项目的顺利推进，充分彰显了卓越的协调能力。项目最终荣获安徽省建设工程项目管理协会的"优秀服务成果奖"，并荣获合肥市2022年优质结构工程奖和2023年第一批工程建设项目绿色建造三星级评价。

## 四、建设单位简况

合肥市包河建设发展投资有限公司成立于2017年6月，是经合肥市包河区人民政府批准，由包河区国资委出资成立的国有独资集团公司。其主要业务包括城市基础设施和公共配套设施的建设，以及根据政府授权进行的其他投资活动。

## 五、专家回访录

安徽省回访专家组于2024年9月9日，针对项目监理服务工作的情况，对建设单位进行了回访。

建设单位对此给予了积极反馈，对项目监理机构的资源配置及所提供的高质量增值服务表示了高度评价。具体而言，有以下几个方面：

首先，该项目监理机构的资源配置，包括人员及仪器设备等，均符合监理合同及现场管理的实际需求。其次，总监理工程师认真履行职责，多次在涉及质量、安全生产的施工措施及施工工艺方面提出富有建设性的合理化建议，采纳后取得了良好的效果，赢得了建设单位与施工单位的高度认可。

最后，项目监理机构充分发挥了集团公司的资源优势，在设计管理、施工图审

查、报批报建、造价控制等多个方面组织了专业的咨询团队，为工程建设提供了高质量的增值服务，完全实现了建设单位选择监理单位的预期目标。

# BIM 赋能 安全筑基 打造时代新地标
## ——漳州市进贤新村安置房三期项目

## 一、项目概况

本项目位于漳州市龙文区。占地面积19135.7m²，总建筑面积139803.06m²，其中地下面积38271.4m²，地上面积101531.66m²，由8栋主楼和1栋幼儿园及地下室组成，地下2层，地上15～31层，建筑总高度为95.2m，总投资约9.47亿元人民币。

## 二、监理单位及其对监理项目的支持

福建越众日盛建设咨询有限公司具有房屋建筑工程、市政公用工程监理甲级资质。专业提供全过程工程建设管理服务。多次被省、市评为"先进监理单位"。公司聘请相关专家组成第三方评价技术顾问团队，装备先进检测仪器与试验设备，为项目监理机构提供与工程技术相关的安全生产培训和安全生产评估评价等技术服务，为本项目保驾护航，以降低安全生产隐患风险，让工程品质迈向新高度。

## 三、监理工作主要成效

本项目由洪开茂担任总监理工程师全面负责监理工作。监理团队及时审核施工方案，提出监理意见及优化建议，并督促施工单位按方案实施。为了提高监理工作的效率和质量，监理团队利用先进的信息平台来辅助监理工作，确保信息的及时传递和处理。为进一步提升监理团队的专业技能，项目监理机构还组织了BIM技术应用培训，使监理人员能够熟练掌握这一先进技术。特别是对项目地下室机电BIM应用进行了详细的检查和评估，确保了施工的准确性。在安全生产管理方面，监理团队严格履行职责，采取了一系列措施来避免施工过程中安全生产事故的发生。通过这些努力，项目在参建各方的积极配合下，最终荣获了市级优秀工程和省级优秀工程的荣誉称号。

## 四、建设单位简况

漳州闽南水乡开发建设有限公司的业务范围涵盖土地收储以及土地的前期开发整理工作；负责城市基础设施和市政工程的投资与管理；并从事房地产的开发与经营活动。公司参与建设的项目多次荣获漳州市"水仙杯"、福建省"闽江杯"等荣誉称号。

## 五、专家回访录

2024年9月26日，福建省回访专家组对本项目的建设单位进行了回访。

建设单位表示对监理单位提供的服务非常满意。总结起来，主要有以下两个方面：

1. 项目地下室底板为大体积混凝土，浇筑完成后，水泥水化热温度控制要求高，若不精心策划控制，易造成混凝土开裂、渗漏；项目工期紧、危大工程多、安置房质量要求高等。监理单位按照项目需要，及时配足人员和设备，严格控制大体积混凝土的浇筑，防范质量风险的发生。

2. 在服务过程中做好过程控制，对进场材料、隐蔽工程进行验收，使本项目未发生质量事故。做好工程款审核，严格把关变更签证，严控成本。及时检查现场实际进度，进度滞后时，及时督促施工单位做好纠偏工作。在各参建单位的沟通过程中起到承上启下的作用，及时协调现场出现的问题。最终，项目得以实现各项预定目标。

**漳州闽南水乡开发建设有限公司**

**关于进贤新村安置房三期
1号-8号楼、幼儿园及地下室项目的评价函**

进贤新村安置房三期1号-8号楼、幼儿园及地下室工程监理单位采用公开招标方式，由福建越众日盛建设咨询有限公司中标。监理单位根据本工程的特点以及我方的要求，按招标文件配备了总监理工程师、专业监理工程师、监理员，组建了项目监理机构。并根据监理工作需要配备仪器设备。

在总监理工程师的主持工作下，项目监理部很好地完成日常监理工作，现场与内业工作扎实有序，能独立、公正、公平、科学地开展服务工作，服务热情，协调周到。监理旁站、巡视、检查、验收、复核工作到位，跟踪及时，资料同步，积极主动地开展监理工作，对参建各方进行了有效的协调工作，解决了本工程上所产生的纠纷，忠实地履行了监理方应尽的职责和义务。

在工程实施过程中，为达到工程质量验收标准，监理部分别进行事前、事中、事后三个阶段的控制。工程变更和签证经监理部评估后，报我司审批后实施，工程造价得到了有效的控制。因本项目地下室采用BIM技术施工，监理单位增派BIM专业监理工程师对地下室机电BIM应用情况进行检查。本项目工程未发生质量安全事故，工期符合我司要求。本项目先后获得市级优质工程奖、省级优质工程奖。

我司对项目监理机构的日常工作整体评价为"很满意"。认为福建越众日盛建设咨询有限公司是值得信赖的监理企业！

漳州闽南水乡开发建设有限公司
2024年9月25日

漳州闽南水乡开发建设有限公司　　　　2024年9月25日印发

# 监理助力　提速竣工　交付人文庭院
## ——福建厦鑫博世楠院项目

## 一、项目概况

厦鑫博世楠院项目总建筑面积192881.15m²，地上建筑面积140422.04m²，地下建筑面积52459.11m²，总造价46462万元人民币。配套有社区卫生服务中心、居委会、地下车库、商店、配电房等。该小区以营造"人文、阳光、优质"的生活场景为主题，从健康的生活方式出发，营造高端的居住品质。

## 二、监理单位及其对监理项目的支持

福建互华土木工程管理有限公司持有房屋建筑工程、市政公用工程监理甲级资质以及多项专业监理乙级资质。该公司具备承接各类大中型工程项目的项目管理、工程代建、招标代理、政府采购代理、造价咨询、工程监理和技术服务的能力。公司为本项目配备了经验丰富的监理团队，他们具备强大的管理能力，确保了工程项目的顺利实施，在工程质量、工期控制和安全生产管理等方面既遵守相关法律法规，又满足合同的约定。

## 三、监理工作主要成效

本项目的总监理工程师游育方以其严谨的工作态度和对知识的不懈追求，赢得了同行的尊重。本项目为龙岩市首个采用梁侧预埋悬挑脚手架技术的工程，总监理工程师深入研究了该技术的基本构造、承力架的组成及布置方案，组织制定了切实可行的监理实施细则，明确了监理工作要点和方法。为保障架体使用的安全性，项目监理机构还要求施工单位进行专项技术交底和班前安全教育，并加强了对施工现场的检查与巡视力度，确保施工各环节均满足既定的目标。这些措施显著提升了施工质量与安全生产管理的水平。

在监理过程中，项目监理机构进一步优化了监理工作流程，及时发现潜在风险并采取预防措施，积极协调并解决建设过程中出现的问题。这些努力最终取得了显著成效，实际工期较原计划提前了270天，大幅缩短了建设周期，提升了项目的经济效益。

## 四、建设单位简况

龙岩厦鑫房地产开发有限公司是一家深植于龙岩本土的房地产开发企业，致力于打造深受龙岩人民喜爱的人居产品。公司以独特的园林和水系造景，结合新中式建筑风格，从健康生活方式的角度出发，致力于营造高端居住品质。厦鑫品牌在龙岩地区具有显著影响力，并赢得了社会各界的广泛好评。

## 五、专家回访录

2024年9月27日，福建省回访专家组对本项目的建设单位进行了回访。

建设单位表示，选择监理单位的初衷在于期望监理单位能够运用其专业知识和优质服务，确保工程项目的顺利、高效和高质量完成，同时降低项目风险并提高投资效益。监理单位自进场以来，从监控施工过程、管理协调、风险防控、专业评价、提升效率和质量标准、确保合规性以及专业化管理七个方面，为项目提供了全方位的服务。具体而言，监理人员在技术业务水平上表现出色，工作责任心强，组织协调能力出众，在执行施工验收规范和强制性标准方面认真严谨，能够及时、有效地解决施工现场出现的问题，并能主动

### 龙岩鑫厦鑫房地产开发有限公司

**建设单位评价函**

厦鑫博世楠院项目由由我司开发建设，项目监理单位为福建互华土木工程管理有限公司。

福建互华土木工程管理有限公司具有丰富经验和专业能力、良好的信誉和口碑、提供全方位的监理服务、监理人员配置合理、管理规范，监理单位的专业知识和服务确保工程项目的顺利、高效和高质量完成。认真执行相关施工验收规范标准和强制性标准，能及时、有效解决施工现场出现的各种问题，能主动与业主沟通，参与到工程建设相关的技术工作中，并能提供技术支持。积极向业主提出合理化建议，协调合作单位的各种问题，使得工作顺利进行。能够很好配合业主的管理工作，充分体现了该公司的技术与管理水平。

龙岩鑫厦鑫房地产开发有限公司
2024年9月

与建设单位沟通，积极参与到工程建设相关的技术工作中，提供必要的技术支持。监理团队还积极提出建设性建议，提前协调合作单位间的问题，确保了工作的顺畅进行，充分展现了公司的技术实力与管理水平。

监理单位所提供的优质监理服务，已远远超出了当时监理招标时的期望。

# 守信重诺　万科同行　筑造城市中的绿色家园
## ——福州万科城市花园项目

## 一、项目概况

万科城市花园包括8栋18～27层高层住宅、3栋低层配套用房、一层地下室，采用预应力管桩基础，框架及框-剪结构。项目多次获得万科集团及区域公司季度安全评估A级、交付评估A级及项目优秀合作方、优秀合伙团队等各项荣誉。

## 二、监理单位及其对监理项目的支持

福建升恒建设集团有限公司高度重视科技创新与应用，强调监理工作的守信重诺原则与质量创优实践，多次荣获各级政府授予的科学技术奖项、守合同重信用企业称号以及市、省、国家级质量优质奖项等荣誉。公司给予项目监理机构全方位的支持与保障，注重监理人员培训和能力提升，致力于提升监理工作的专业性与实效性，持续改进监理服务质量，旨在为建设单位提供更加卓越的监理服务。

## 三、项目监理机构主要工作成效

在总监理工程师郑传辉的领导下，项目监理机构严格遵循合同条款，认真履行监理职责，确保监理目标得到有效控制。同时，项目监理机构积极与万科企业的工作特点相结合，精心组织并实施了一系列重要的工作举措。这些措施包括：开展项目工序验收考核评价，确保每个环节都达到预定的质量标准；开展区域内万科承建项目的交叉检查，以确保各项目之间的质量一致性；承办项目观摩会，为各方提供交流和学习的平台，促进经验分享。通过这些措施，项目监理机构根据万科企业的要求对项目开展质量控制和安全生产管理，在参建各方共同努力下，圆满实现了保交房的目标，确保了项目的顺利进行和高质量交付。

## 四、建设单位简况

福州市梅沙教育咨询有限公司是万科集团旗下的子公司，坚持为普通人提供好产品、好服务，通过自身努力满足人民对美好生活的各方面需求。坚持住房的居住属性，为普通人盖好房子，盖有人用的房子，解决民众的住房需求，提高生活质量。

## 五、专家回访录

2024年9月19日，福建省回访专家组对本项目的建设单位进行了回访。

建设单位在交流中认为，监理单位作为建设单位与施工单位之间的管理纽带，不仅起到了缓冲作用，还有利于建设单位的指令通过监理以更精准的方式传达，从而提高指令的执行效率。

建设单位对监理单位的工作给予高度评价。认为：项目监理机构中坚力量稳定，人员流动性小，企业凝聚力强。监理单位管理层每月都会到项目监理机构检查，与建设单位交流，了解项目监理机构的履职情况。此外，监理单位不仅注重经济效益，还非常关注团队建设和人才培养，主动与建设单位协商，将部分监理人员调至建设单位协同办公，以增进双方了

**福州市梅沙教育咨询有限公司**

关于对福州万科城市花园项目监理部的评价函

福建升恒建设集团有限公司是我司通过综合评价法确定的"万科城市花园项目"监理单位。该公司按照合同要求配置相应的项目监理人员，骨干人员均有丰富的地产经验，在监理管控过程中坚持"科学、诚信、公正、守法"的原则，履行"三控两管一协调及监理安全管理"，做好事前、事中、事后控制，严格执行法律法规规范规程，落实控制监理目标，工程质量、进度、投资均达到合同约定要求，并多次获得集团及区域季度检查佳绩。

在项目管控过程中，能有效结合我司对项目管控的特色制度要求，贯彻我司"工序验收考核"评价制度，监理部落实复验检查制度，按规定要求拍摄验收过程的照片、录制旁站视频、填写验收数据和验收人员信息等，实现数据可查可控可追溯，为质量把控做好基础。

监理部配合抽调骨干人员贯彻万科地产实施同一地区内万科承建项目交叉检查制度，同时举一反三对本项目进行自查，通过讨论总结优秀的构造做法等，不断提高项目工作水平。

在我司合作的众多监理单位中，升恒集团监理人员工作积极、专业水平高，配合度好，多次荣获"福州万科城市花园项目优秀合作方"荣誉，希望升恒集团再接再厉，继续携手共进。

项目建设单位：福州市梅沙教育咨询有限公司

日期：2024年9月19日

解，共享项目管理经验。对于数字化、智能化方面的应用，建设单位非常认同项目监理机构在这方面与建设单位的合作。实际上，建设单位近年来一直在积极探索和应用数字化、智能化手段，如无人机定时巡飞数据采集、匠心工程智慧平台等应用，助力实现一户一档的数字化管控。目前，这些数字化、智能化手段虽然需要委托第三方检查，但如果监理单位能通过这个项目能力得到提升，承担起巡飞采集等任务，并利用现有资源做得更好、更及时，甚至拓展到采集项目的内部空间数据，建设单位是愿意付费委托的。

# 互联网+监理　创新服务　打造品质居住社区
## ——三明市徐碧"城中村"改造安置房项目

## 一、项目概况

三明市徐碧"城中村"改造安置房项目（甲头BC地块）总建筑面积约为47.66万m²，涵盖安置房、商业用房、幼儿园以及附属配套用房。旨在打造一个兼具安置功能与文化美学元素的智慧型居住社区。

## 二、监理单位及其对监理项目的支持

福建省中福工程建设监理有限公司具备多项工程监理甲级资质，承接的项目有多个荣获"鲁班奖""国家优质工程奖"及省、市优质工程奖。公司秉持"精心监理、技术先进、优质服务、业主满意"的质量方针，定期对项目监理机构的工作进行检查和考核，并运用"互联网+监理"的即时通信和大数据等技术，为项目监理机构提供高效优质的技术支撑，确保项目监理工作顺利进行。

## 三、监理工作主要成效

监理单位精心挑选具备良好思想作风、卓越专业素质及强大管理协调能力的骨干人员担任本项目的总监理工程师，全面负责项目的监理工作。针对山地建筑支护结构设计与施工复杂的特殊性，项目监理机构对设计图纸进行了细致的审核，并提出了优化建议；针对施工方案中的工序和部署提出了合理化建议。还组织施工单位到正在施工的类似项目学习取经，制定出切实可行的专项施工方案，采取多种措施和方法相结合的施工技术进行开挖作业，确保了施工进度和安全。此外，项目监理机构结合工程实际，实施了标准化、规范化、数字化的科学管理方法，充分利用信息化和专业技术资源。在所有参与方的共同努力下，项目以高质量、高标准如期完成并通过验收，荣获三明市"瑞云杯"优质工程奖及2023年度福建省重点项目建设业绩信誉考评A级。

## 四、建设单位简况

三明市城乡改造有限公司是一家国有控股的有限责任公司。该公司始终坚守确保工程进度、保证建筑质量、保障施工安全、保持廉洁从业的"四保"原则，以工匠精神精心打造让住户满意的"好房子"。

## 五、专家回访录

2024年9月20日，福建省回访专家组对本项目的建设单位进行回访，并与建设单位代表就监理招标方式、监理履约情况及实际作用展开了交流。

建设单位指出，本项目采用公开招标方式，旨在筛选出综合实力出众的监理单位。中标单位的实际工作表现完全契合建设单位的期望。具体而言，项目监理机构无论现场还是内业工作都扎实有序，针对各管理要素均制定了预控计划，并通过旁站、检查、验收、复核、平行检验等方法控制质量，严格管理安全生产，及时跟踪工程进展，内业资料同步更新。

项目监理机构的人员构成合理，老同志经验丰富，中年人年富力强，青年人认真好学，在工作中各司其职，全心全意投入到监理工作中，确保了工程建设达到合同目标，并赢得了建设单位的充分认可。

### 三明市城乡改造有限公司

**关于对三明市徐碧"城中村"改造安置房项目的评价函**

三明市徐碧"城中村"改造安置房项目（甲头BC地块）总建筑面积约47.66万平方米，涵盖安置房、商业用房、幼儿园及附属配套用房。

本项目监理工作由福建省中福工程建设监理有限公司承担，在建设过程中监理项目部以高度责任感严格履职，对项目质量进度安全造价等管理要素实施全过程全方位控制，以"诚信、守法、公正、科学"的原则圆满完成各项现场监理工作目标。

我们建设单位对福建省中福工程建设监理单位的监理工作感到满意。他们严格履行各项监理职责，有力保障工程建设的顺利进行并达到市级优良工程标准。我们认为监理单位的专业化监督管理是本建设项目能以高标准完成的重要保障。

三明市城乡改造有限公司
2024年10月16日

# 匠心专业监理　创新引领未来　白鹭航向未来
## ——福建厦航总部大厦项目

## 一、项目概况

厦航总部大厦工程位于厦门仙岳路，总建筑面积173962.7m²，建筑高度185.1m；项目总投资10亿元人民币；施工合同工期1200日历天；本项目建设规模大，办公楼有大截面超大超重钢构件；裙楼有大量大跨度预应力梁；酒店有大截面钢骨转换梁；现场焊接质量要求高，高空拼装工艺复杂。

## 二、监理单位及其对监理项目的支持

厦门象屿工程咨询管理有限公司具有房屋建筑工程监理甲级等多项资质。多次获得省、市五一劳动奖、工人先锋号；参建项目多次获"鲁班奖"、"国家优质工程奖"等。公司采取多项监理服务创新方法，高效、精准地执行监理任务，为项目监理机构提供人力、资金、技术、管理等全方位支持，确保监理工作有序、高效开展，为项目建设提供坚实保障。

## 三、监理工作主要成效

本项目以总监理工程师为管理核心，配备优秀监理团队确保监理工作质量，通过监理工作标准化、程序化和信息化使监理工作高效进行。同时，项目监理机构在新技术、新工艺的应用方面体现了监理的专业性，取得了良好的成效，如采用BIM技术建立各专业三维模型；利用条码或RFID技术对人、机、料、法、环的全程唯一码追溯；采用装配式钢结构施工技术，提高了效率、缩短了工期；设计双夹板自平衡工艺进行钢柱临时连接，确保连接精度；采取管线分离技术，使得构件的模块化、标准化程度得到提高。项目获得厦门市优工程、福建省精装修"闽江杯"、中国钢结构金奖、美国LEED绿色建筑金级认证等多项荣誉，得到了建设单位的高度认可。

## 四、建设单位简况

厦门航空有限公司是中国首家依照现代企业制度运作的航空公司。在全球航空公司的金融评级中位居中国航空公司之首，并连续九年荣获中国旅客评选的"最佳航空公司"称号。2016年3月，该公司荣膺第二届中国质量奖，成为中国服务业首家获此殊荣的企业，也是中国民航界唯一获此荣誉的航空公司。

## 五、专家回访录

2024年9月25日，福建省回访专家组对本项目进行了访谈。

建设单位特别强调了监理工作在项目建设中的核心作用，项目的圆满竣工及所获荣誉与监理团队的不懈努力密切相关。监理单位恪守合同规定，配备了充足的监理人员坚守岗位，确保监理工作高标准执行。总监理工程师展现了出色的组织和管理才能，通过精准的项目规划和目标设定，加强了团队建设与管理，优化了资源配置，从而提升了工作的执行效率。监理人员严格遵循职业规范，执行工程建设相关法律法规和标准，履行了合同义务和职责，保持了工作的独立性。此外，监理团队持续学习专业知识，提升了监理工作的专业水平和业务能力。综上所述，监理单位的整体表现赢得了建设单位的高度认可。

**厦门航空有限公司**

**关于厦航总部大厦项目的监理工作评价函**

厦门象屿工程咨询管理有限公司根据厦航总部大厦监理项目的特点以及我方的要求于 2017 年 03 月 13 日组建了项目监理部进驻施工现场，并且派出了经验丰富的总监理工程师，配备了足够的监理工程师和监理人员时刻坚守岗位。

在总监理工程师的领导下，项目监理部全体监理人员遵循"科学、诚信、公正、守法"的职业准则，尤其是项目总监认真履行一个优秀项目总监的职责，时刻贯彻我方的建设意图，把优质服务体现于监理工作之中；项目各专业监理工程师配备合理，专业设备配备齐全，认真履行职责；主动听取我方的意见和建议，积极主动为我方提供技术指导意见、建议及工作支持。

该监理公司在本项目监理过程中实行科学管理，运用科学手段进行"三控、两管、一协调"的施工管理，对参建各方碰到问题进行有效的沟通、协调，解决了本工程施工过程的纠纷，忠实地履行了监理方应尽的职责和义务。

项目监理部总投入人数 12 人，常驻现场 7 人（包括总监），时刻控制着本工程的各项目标，过程中严格按照法律、法规、标准、规程等相关要求进行监督管理；经过监理单位对本项目进度的预控、跟踪，使本工程工期达到了甲方的要求。

经过五年多的合作与考察，我认为厦门象屿工程咨询管理有限公司值得信赖！希望与厦门象屿工程咨询管理有限公司继续真诚合作！

项目建设单位：厦门航空有限公司

20X6 年 9 月

# 风控有道　稳健前行　项目品质与安全并进
## ——厦门城发福郡项目

## 一、项目概况

城发福郡项目的总造价约为人民币39970万元人民币，总建筑面积139300.96m²，共计26栋建筑。其中，1号至18号楼为高层住宅楼。本项目先后荣获福建省"闽江杯"优质工程奖以及2022~2023年度"国家优质工程奖"。

## 二、监理单位及其对监理项目的支持

厦门长实建设有限公司先后被评为全国先进工程监理企业、中国工程监理AAA级信用企业等。公司为项目监理机构提供了大量的规范化程序管理和技术支持，并按自身管理要求定期对项目监理机构进行检查和督导。

## 三、监理工作主要成效

项目监理机构建立了切实可行的质量控制体系，确保项目在各个阶段均能符合既定的质量标准。对施工进度计划进行严格审查，并持续跟踪其执行情况，保证项目各关键节点能够按照既定计划完成。同时，还对项目实施过程中潜在的风险进行分析和管理，确保项目的顺畅推进。在监理过程中，项目监理机构积极推广BIM技术，利用三维模型进行现场布局，实现机电管线的综合优化。此举不仅提升了施工效率，还减少了施工过程中的错误和返工现象。此外，项目监理机构还与建设单位、施工单位共同制定检查制度，通过定期和日常的巡视检查，及时发现并解决施工中出现的问题，确保施工现场的安全生产与工程质量，促进项目顺利达成预期目标。

## 四、建设单位简况

龙岩利美地产有限公司隶属于龙岩市国有企业集团，其业务涵盖城市基础设施的规划、设计、建设、运营及维护，综合开发城市片区，运营城市公共服务，进行地产开发、生产建筑材料，保护和治理生态环境，以及涉足金融与类金融服务等多个业务领域，是一家综合性的国有集团公司。

## 五、专家回访录

2024年9月27日，福建省回访专家组对本项目的建设单位进行了回访。

建设单位对监理单位的工作表现给予了高度评价，坦言其在项目建设过程中发挥了关键作用。具体而言，监理单位在以下几个方面表现出色：

首先，监理人员的配置完全符合合同规定，监理人员的专业技能满足项目推进的需求。总监理工程师按照建设单位的要求，对各参建单位进行了有效的协调与管理，并针对现场情况及技术资料提出了符合质量、安全、进度和投资要求的建议。

其次，监理单位极其重视与建设单位的合作，项目的顺利进行得益于监理单位与建

**龙岩利美地产有限公司文件**

**关于城发·福郡 B、D 标段项目的评价函**

城发·福郡 B、D 标段项目由厦门长实建设有限公司监理，该司根据本工程特点及我司的具体要求及时组建了项目监理部进驻施工现场。按照"科学、诚信、公正、守纪"的职业准则，时刻贯彻我司的建设理念，把优质服务贯穿于各项监理工作之中，积极采纳我方意见，主动为我方提供了很多合理化建议，并协同建设、设计、施工各方破解工程上的诸多技术难题。

另外在本项目监理过程中，该司积极推行信息化管理、应用数字化技术及科学手段时时对项目进行质量、进度、投资三大目标的控制和安全文明施工的管理，很好的履行了监理各项职责并实现该项目预期目标。我司期待能与他们继续合作！

龙岩利美房地产开发有限公司
2024 年 月 日

设单位的紧密沟通与协作，在程序规范化管理和技术方面提供了大量支持。

最后，项目监理机构事先制定了详尽的监理实施细则，对监理人员进行了充分的交底，对项目实施过程中的质量与安全生产进行了严格的控制与管理。在监理过程中，监理人员严格依照施工图纸和规范对施工现场进行检查与巡视，对发现的质量与安全生产问题及时要求施工单位进行整改，确保了工程的质量与施工安全。

# 创新监理方法　提升服务水平

## ——济南工程职业技术学院 5G 综合应用示范产教融合实训基地项目

## 一、项目概况

5G综合应用示范产教融合实训基地项目坐落于济南工程职业技术学院（绣源河校区）校园内，集车间、教学与办公功能于一体，采用钢筋混凝土框架结构，地上5层，整体建筑高度23.50m，局部区域层高达10.40m，总建筑面积20176.53m²，总投资额9603万元人民币。

## 二、监理单位及其监理项目的支持

济南市建设监理有限公司是一家专注于工程监理、项目管理、造价咨询、招标代理以及全过程咨询的综合性技术服务企业，拥有工程监理综合资质。公司不断加强技术指导，确保监理项目的顺利进行，通过对项目的关键点和难点进行技术分析和交底，定期对项目监理机构的工作进行检查，保障了项目监理机构工作的有效运行。

## 三、监理工作主要成效

项目总监理工程师为陈岩高级工程师，他组织协调能力强，实战经验丰富、专业技能过硬，曾多次担任重大项目的总监理工程师。在他的带领下，项目监理机构高度重视过程控制，持续强化动态管理机制，全面履行监理职责，依托自身强大的技术实力，提出了多项科学合理的优化建议，有力保障了工程质量与施工安全。例如，针对局部存在软弱地基问题，及时提出优化建议，显著提升了工程质量；对高支模等危大工程建议采用工具式盘扣架进行施工，有效保证了施工安全。项目监理机构还通过创新监理工作方法，实施质量跟踪卡制度，对关键施工部位实施全过程跟踪管理，成功规避了质量通病的出现。此外，利用BIM技术有效解决了图纸中各专业间的综合协调难题。项目荣获2022年山东省工程质量管理标准化示范工程（优质结构工程）以及山东省建筑施工安全文明标准化工地等荣誉称号。

## 四、建设单位简况

济南工程职业技术学院是经山东省人民政府批准成立的公办全日制普通高等职业院校，为山东省首批特色名校、山东省优质高职院校，荣获第六届黄炎培职业教育优秀学校、全国创新创业典型经验高校和全国职业院校学生管理50强。

## 五、专家回访录

2024年9月9日，山东省回访专家组对本项目的建设单位进行了回访。

建设单位对项目监理机构所提供的服务表示了高度的肯定。他们认为，总监理工程师凭借其深厚的监理经验，展现了出色的风险预测能力；项目监理机构能够及时为工程建设提供科学合理的建议，对实现项目进度目标起到了至关重要的推动作用。

监理团队在工作中严格遵循职业道德规范，保持廉洁自律的工作态度。他们工作积极主动，注重预防控制，力求将问题解决在萌芽状态，始终秉持"方案先行、样板引路"的工作原则，对各类施工方案进行了严格的审查。此外，他们还创新性地实施了质量跟踪卡制度，对关键工序和重点部位的工程质量进行了更为精细化的控制，有效提升了工程质量水平。

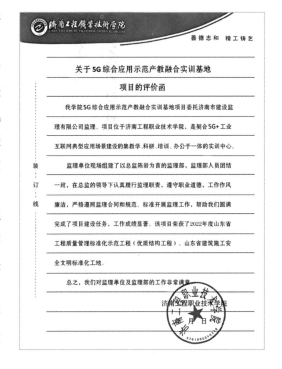

对于重难点问题，项目监理机构凭借其雄厚的技术实力，总是能够及时向建设单位提供多角度的咨询建议。这些建议不仅具有前瞻性，而且切实可行，为建设单位的科学决策提供了有力的支持。

# 精细监理　实现"零投诉"的"好房子"

## ——济南腊山御园房地产开发项目

## 一、项目概况

腊山御园房地产开发项目A地块二期工程是山东省城建工程集团公司承建的重大开发项目，坐落于济南市槐荫区，党杨路之东、腊山分洪河南侧。项目总建筑面积47118.08m²，室外配套工程包括绿化、小区道路、室外管网和照明工程等，投资规模27300万元人民币，建设工期为730个日历天。

## 二、监理单位及其对监理项目的支持

山东省工程咨询院下属的山东鲁咨工程咨询有限公司是一家专注于工程项目管理的专业企业。其核心业务涵盖项目代建、全过程工程咨询、工程监理、工程造价评估以及工程招标代理等多个方面。面对本项目所遭遇的挑战与难题，监理单位充分利用山东省工程咨询院这一强大后盾的支持，依托咨询院丰富的专家资源及人才储备，汇聚专业力量构建了一支由复合型人才组成的精英团队，针对挑战与难题提供专业的咨询服务，以确保工程项目的顺利推进与高质量达成。

## 三、监理工作主要成效

项目总监理工程师郭瑞带领监理团队在监理工作中以设计文件及监理合同作为执行依据，严格遵循现行规范、图集标准，着重开展质量控制、安全生产管理和强化组织协调三大主要工作。针对工程质量与施工安全问题，秉持"零"容忍态度，做到问题一经发现立即整改，坚决消除潜在隐患，为项目顺利实施奠定了坚实基础。

项目目前已顺利实现50%的入住率，且自交付使用以来，建设单位尚未接收到任何来自住户的投诉。尤为值得一提的是，项目经受住了今年雨季的严峻考验，无论是屋面、地下室还是外窗等关键部位，均展现出优良的防水性能，未发生任何渗漏现象，进一步彰显了项目的高品质与可靠性。

## 四、建设单位简况

山东省城建工程集团公司是山东省住房和城乡建设厅直属企业，是以设计为龙头，集市政、环保、房地产开发、工程施工总承包等产业的科研、咨询、设计、施工、运营、管理于一体的综合性产业集团。

## 五、专家回访录

2024年9月9日，山东省回访专家组就项目的监理服务情况对建设单位进行了回访。

建设单位对于项目监理机构在现场的表现给予了高度评价，特别是住宅开发项目中成功实现了"无渗漏"与"零投诉"的卓越成果，极大地减轻了建设单位在房屋交付及运维阶段的负担，这一显著成效让建设单位深感满意。

总监理工程师展现出了卓越的管理和协调能力，成功地与各参建单位保持密切沟通，实现了工作关系的顺畅与高效。同时，项目监理机构特别关注团队人员分工的明确界定，促进了团队的紧密高效运作。

建设单位对项目监理机构所展现出的高度责任感、专业素养及积极的工作态度表示非常满意。特别是团队中的专业监理工程师与监理员专业能力强、工作积极主动，对施工质量进行全程跟踪与管理，确保了工程质量满足设计与规范要求。对于安全生产的管理，更是安排了经验丰富的监理人员进行严格把关，确保了各项安全管理措施能有效执行与落实。

**山东省城建工程集团公司**

关于腊山御园房地产开发项目A地块二期工程的评价函

致：山东鲁咨工程咨询有限公司

感谢贵单位在腊山御园房地产开发项目A地块二期工程施工过程中对我们的支持与配合。

贵单位在监理过程中及时响应我们的需求，针对项目中出现的问题给予有效的建议。对施工质量的把控和进度的监督，均能够做到严谨细致，并积极与建设单位、施工单位以及其他相关方保持良好的沟通。在发现施工中存在的缺陷和不足时，能够及时提出整改意见，并进行跟踪落实，有效提高了施工质量。

我们对贵单位的监理工作非常满意，期待在今后项目中继续合作。也希望贵单位能够在今后的工作中持续提升，更好地适应快速变化的市场需求和技术发展。

山东省城建工程集团公司
2024年9月9日

# 严格监理　热情服务　倾心铸造精品工程
## ——莱芜职业技术学院文体中心项目

## 一、项目概况

莱芜职业技术学院文体中心工程项目建筑面积20471.54m²，项目总投资8055.29万元人民币，建设工期730天。本项目地上五层，地下一层。其中，地下一层功能为游泳馆及设备用房；地上功能总体分为大学生社团活动和体育运动、训练两大部分。

## 二、监理单位及其对监理项目的支持

山东诚信建设项目管理有限公司具备房屋建筑及市政公用工程监理双甲级资质。公司拥有超过110位执业注册人员。公司针对不同施工阶段的需求，对项目监理团队成员进行专业培训和技术支持，同时配备满足监理工作要求的检测设备和工具，并选派经验丰富、专业素质卓越的团队成员组建了项目监理机构。

## 三、监理工作主要成效

项目监理机构针对工程的使用功能，迅速识别设计中不适宜或不实用的元素，以及土建图纸与各专业图纸之间的不一致之处，经设计单位确认后，及时进行了必要的更正，从而减少了施工过程中的变更，有效控制了项目投资。对于关键材料和设备，项目监理机构建议建设单位通过招标方式采购，在确保质量的同时降低采购成本。在日常工作中，监理团队严格把控质量，坚守合同条款，科学控制工程进度。在质量控制和安全生产管理方面，强调了"严格"二字；在技术问题处理和信息反馈方面，则突出了"迅速"二字。通过实施上述方法和措施，该项目提前74天竣工验收并交付使用，并且实现了"零"伤亡的安全目标。项目总监理工程师姚利高级工程师先后荣获2013年度优秀项目总监、2015年莱芜市职工创新能手、济南市2021年度"5A级总监理工程师"等多项荣誉。

## 四、建设单位简况

莱芜职业技术学院是山东省首批技能型人才培养特色名校，先后获得山东省优质高等职业院校、山东省职业教育先进单位、山东省高职高专人才培养工作评估优秀学院、山东省高校校园文明建设与德育工作双优学院，全国职业院校数字校园建设样板校等荣誉。

## 五、专家回访录

2024年9月9日，山东省回访专家组对本项目的建设单位进行了实地回访。

建设单位指出，在进行招标策划阶段，他们期望通过招标程序选择一个具备实力且服务优质的监理团队，以弥补建设单位在工程建设管理方面的不足。因此更加重视投标单位的技术方案质量以及派驻监理人员的资历与能力，而报价并未作为评标的主要依据，仅占总评分的10%。建设单位表示，监理单位选派的总监理工程师具备强大的专业技术能力与丰富的管理经验，整个监理团队综合素质高，服务意识强，达到了招标时的期望与要求。

在施工过程中，项目监理机构严格依照合同及相应规范履行监理职责，能够及时识别现场的质量与安全生产隐患，提出有效的改进措施并督促施工单位进行整改。监理团队与建设单位和施工单位保持了良好的沟通与协调，以公平、客观的态度处理现场问题。在项目遇到技术难题时，能够积极提供专业的解决方案。总之，建设单位对监理服务表示非常满意，工程建设亦达到了预期目标。

### 莱 芜 职 业 技 术 学 院

#### 关于莱芜职业技术学院文体中心项目的评价函

山东诚信建设项目管理有限公司及监理团队，在莱芜职业技术学院文体中心项目监理工作中表现出色，圆满实现监理的各项目标，我们非常满意。

贵公司派出了经验丰富的总监理工程师进驻现场，同时配备了专业合理的监理工程师和监理人员，项目部成员时刻坚守岗位、认真履行职责，做到了"严格监理、热情服务"，并积极主动的为施工单位提供技术支持和工作建议，在贵方的带领下，该工程被评为"山东省建筑工程优质结构"。

我院对山东诚信建设项目管理有限公司及其项目部为技术学院文体中心项目的辛勤付出和技术精湛、认真负责的工作态度表示衷心的感谢，祝山东诚信建设项目管理有限公司不断发扬光大，为国家的工程建设做出更大贡献！

莱芜职业技术学院总务处
2024 年 9 月 28 日

# 精心监理　助力实现农村与城镇供水"三同"目标
## ——烟台市福山区城乡供水一体化项目

## 一、项目概况

由葛洲坝水务（烟台）有限公司投资建设的烟台市福山区城乡供水一体化项目，包括10万m³的天门楼水厂1座、供水管道约114km，总投资约7.2亿元人民币。项目建成后，可实现全域范围联网供水，打破"一村一水"传统农村供水方式的弊端。

## 二、监理单位及其对监理项目的支持

山东万信项目管理有限公司是一家在工程建设领域提供专业咨询与管理服务的企业，持有房屋建筑工程、市政公用工程监理甲级资质以及工程造价咨询甲级、中央投资项目招标甲级、采购招标甲级等多项专业资质。

鉴于本项目的设计单位来自南方，对北方气候条件不够熟悉，未充分考虑室外装饰材料对北方气候的适应性问题。监理单位协助建设单位邀请了行业内的专家参与图纸审查工作并提出相关咨询建议，经采纳后不仅提升了建设项目的使用功能，还确保了现场施工的质量。

在项目监理机构人员的组成方面，监理单位精心挑选了具备丰富给水管网经验、专业能力突出的监理工程师，以确保对城乡一体化供水管道工程的各个阶段提供全面、高标准、专业化的监理服务。

## 三、监理工作主要成效

本项目总监理工程师孙洪涛多次荣获烟台市"优秀总监理工程师"荣誉称号，同时也是烟台市本行业专家库成员，拥有丰富的工程管理经验和深厚的专业知识。他对本项目采取了专业化管理以及有效的协调机制，确保了项目的顺利完成。在总监理工程师带领下，项目监理机构对本工程的高支模、深基坑方案进行了审批，督促施工单位进行方案专家论证及设计交底工作。在施工过程中质量控制措施细致到位，对薄壁混凝土易开裂、渗水等重点问题进行了严格管控，对超长水池构筑物防渗漏技术及无负压供水施工技术针对性严格把控。项目监理机构工作期间，针对工程质量、安全、环保共发出监理通知单35份。并对进度进行有效控制，工期提前了190天。试运行时取得良好的效果，达到了设计的要求。

## 四、建设单位简况

葛洲坝水务（烟台）有限公司是一家以水的生产和供应为主的企业，位于山东省烟台市福山区。主要经营范围包括污水处理及其再生利用、自来水生产与供应以及各类工程建设活动。此外，还提供水污染治理、水环境污染防治服务、物业管理、市政设施管理和工程管理服务。

## 五、专家回访录

2024年9月13日，山东省回访专家组对本项目的建设单位进行了访谈。

建设单位对监理工作表达了高度的赞赏，认为监理人员能恪尽职守，表现出卓越的能力和高尚的职业素养，能够以认真负责的态度履行职责。

监理单位每个季度均对工地进行检查和督导，并对建设单位进行回访，与建设单位之间保持了良好且有效的沟通。项目总监理工程师在专业能力和综合协调方面表现尤为突出。项目监理机构提出了诸多合理化建议，对项目建设过程的控制有效且有序，显著减少了返工现象，实现了工期提前半年完成，顺利达成了项目建设的各项目标。

### 葛洲坝水务（烟台）有限公司

**感谢信**

山东万信项目管理有限公司在烟台市福山区城乡供水一体化项目中的监理服务，全面而深入，充分展现了其作为专业第三方管理机构在项目中的核心价值和显著贡献。

（1）该团队经验丰富，技能精湛，严格履行监理职责。

（2）该团队对工程质量实施全方位检查与控制，严格把控材料质量与施工过程。

（3）在合同执行与投资控制方面的专业素养与责任感，为项目的财务健康与成本控制保驾护航。

（4）该团队在各个阶段都能提供专业的技术服务和意见，为业主的决策提供有力支持。

作为业主方，我们对贵公司的监理服务表示高度认可与满意，期待在未来项目中继续合作，共同创造更多优质工程。

葛洲坝水务（烟台）有限公司
2024年9月8日

# 监理担当 为工期优化与技术创新护航

## ——山东省大数据产业基地项目

## 一、项目概况

该项目位于济南市高新区中心区，建筑面积约37.3万m²，包含5栋单体塔楼及相关配套设施，总投资31.9亿元人民币，工期1199天。项目致力于打造产业规模过千亿的大数据产业聚集区和创新研发高地。

## 二、监理单位及其对监理项目的支持

山东贝特建筑项目管理咨询有限公司（简称山东贝特公司）拥有工程监理综合资质。在项目建设过程中，监理单位的飞检团队定期对项目施工质量和安全生产进行检查与指导；同时，公司专家委员会亦会定期进行回访，提供人员技能培训和技术支持。监理单位秉承全过程工程咨询理念，致力于为项目提供包括设计优化、造价咨询在内的增值服务。

## 三、监理工作主要成效

在工程建设过程中，项目监理机构确立了关键节点目标，并通过组织调度会议的方式，对项目进度实施动态监控，建议建设单位实施了一系列奖惩机制，激励和规范参与建设的各方。得益于这些措施，C楼提前700天、B楼提前300天竣工验收并交付使用，显著提升了投资回报率。

此外，项目监理机构还采用多种创新方法，包括方案先行、BIM技术优化、样板引路、内部交底、举牌验收、平行检验等；积极参与技术研发，成功申请了实用新型专利。这些方法为工程质量提供了坚实的保障。项目先后荣获山东省"优质结构工程"奖和省"钢结构金奖"，充分证明了其工程质量的卓越性。针对安全生产管理，项目监理机构建立了重大危险源管理台账，加强对重大危险工程的巡视检查，及时消除了安全隐患被评为山东省"安全文明标准化工地"，实现了"零"伤亡目标，为所有参建方提供了一个安全可靠的工作环境。

项目总监理工程师徐吉朋持有注册监理工程师和一级建造师执业资格证书，拥有高级工程师职称，曾荣获济南市"高新创新能手"称号。

## 四、建设单位简况

济南高新智慧谷投资置业有限公司是济高控股集团全资子公司，承担园区产业运营及配套设施建设、高端商务商业项目及品质开发等任务。

## 五、专家回访录

2024年9月9日，山东省回访专家组对本项目的建设单位进行了回访。建设单位提供了以下反馈信息：

山东贝特公司作为建设单位的杰出供应商，在过往的合作项目中表现出色，此次通过公开招投标程序成功中标本项目的监理服务。项目监理机构在人员配置上符合要求，专业门类齐全，结构布局合理；监理团队成员表现出色，工作效率高，且能保持廉洁自律，建设单位对此表示充分信任。特别是在消除工程质量通病、强化安全生产管理、推动技术创新等方面，监理团队展现了卓越的能力。

项目总监理工程师具有很高的综合素质，尤其在沟通协调和技术创新方面，能有效地将参与建设的各方力量凝聚在一起，

**济南高新智慧谷投资置业有限公司**

**建设单位评价函**

山东贝特建筑项目管理咨询有限公司及监理团队，在山东省大数据产业基地建设项目中表现出色，圆满实现项目的各项目标，我们非常满意。

一、监理单位严格按照合同约定组建项目机构，专业配套，年龄结构合理，检测仪器和设备配备满足项目需求。在具体工作中监理人员表现出良好的职业道德和较高的业务素质。

二、项目监理机构能够积极为建设提供合理化建议，提供超值服务。在项目实施过程中配合其他单位共同研发了"建筑钢材焊缝强度检测装置"和"集成附着式升降脚手架爬升辅助装置"等专利，有效地解决了施工过程中遇到的各项难题。

三、监理资料及时、有效、真实、齐全，归档完整，能客观反映工程建设情况。

四、工程安全和质量始终处于受控状态，项目先后获得山东省安全文明标准化工地、山东省优质结构杯和山东省钢结构金奖等奖项，结构安全，使用功能满足。

济南高新智慧谷投资置业有限公司
2024年9月6日

推动了项目的顺利进行。同时，监理团队向建设单位提出了多项合理化建议，不仅优化了设计，还便利了施工过程，并有助于节约成本。监理单位的专家委员会成员定期对建设单位进行回访，提供专业的技术指导；飞检团队多次到项目进行辅助巡查，提供超值服务。

# 创新监理服务　助力人才安置
## ——东营和颐新城人才安置项目

## 一、项目概况

和颐新城人才安置项目是东营众投和颐发展有限公司响应政府保障人才安置工作的号召，解决莒州路周边企业职工住房、完善配套服务而投资开发的民生项目。项目总建筑面积5万㎡，其中公寓3.5万㎡、商业1.5万㎡。

## 二、监理单位及其对监理项目的支持

山东新开元建设项目管理有限公司持有2项监理甲级资质和5项专项乙级资质。该公司监理的项目先后荣获"鲁班奖"及"泰山杯"等荣誉。针对项目特性，公司精选具备丰富监理经验的专业人员组建项目监理机构，并对监理团队成员进行BIM技术的专业培训。此外，公司为项目监理机构配备了无人机、红外摄像机等设备，并设立了技术小组，以定制化服务的方式确保项目监理工作的高效与精准。

## 三、监理工作主要成效

在监理单位技术管理部门的指导下，项目监理机构对施工图纸中的工序冲突问题，提出了合理化建议。例如，通过应用BIM技术，成功识别并解决了图纸中管道安装空间布局不足的问题，并对部分空间功能提出了优化建议。此外，项目监理机构将质量控制与成本管理相结合，在工程隐蔽验收阶段，造价人员对隐蔽部位的工程量进行详细记录，便于后续的工程结算。

项目总监理工程师初玉玺经验丰富，拥有超过二十年的监理工作经验，一直活跃在监理工作的最前线。在项目管理中，他提出了"合理化建议奖励机制"，这一机制极大地促进了监理人员学习与创新的工作氛围。

## 四、建设单位简况

东营众投和颐发展有限公司是东营市的一家房地产开发公司，已累计开发750余万平方米住宅项目，300余万平方米政府保障性住宅项目，60余万平方米商业综合体项目，具有房地产开发一级资质。

## 五、专家回访录

2024年9月10日，山东省回访专家组对项目建设单位进行了回访。

建设单位对项目监理机构的工作表现最满意之处在于，监理团队以项目利益高于一切的理念开展监理工作。在项目建设过程中，各个阶段均能获得令人满意的监理服务，包括协助办理开工手续、提出图纸优化的合理建议等，充分实现了建设单位"在全市范围内选择一家最佳监理单位"的初衷和目标。

总监理工程师具备丰富的经验，展现出强烈的主人翁精神和责任感，以及出色的组织协调能力。他带领项目监理机构全体成员始终将项目建设置于核心位置，以高标准、严要求提供监理服务，为工程建设作出了显著贡献。监理工作持续创新，将无人机和红外摄像机等设备应用于日常监理工作中，取得了令人瞩目的成效。

**东营众投和颐发展有限公司**

### 关于和颐新城项目的评价函

和颐新城项目是解决民生的重点项目，山东新开元建设项目管理有限公司根据工程特点及时组建了项目监理部进驻施工现场，选派经验丰富、实践性强、有创新精神的工程师担任总监，其他成员根据专业不同经考核配备，数量满足合同要求。

他们在整个监理过程中，时刻以项目建设为中心，本着主人翁的精神，高标准、严管理，以开拓创新思维全方位服务，采用先进的无人机设备跟踪项目施工情况，红外线摄像机记录关键部位、关键工序的夜间施工情况，提高工作效率的同时也保证了施工质量。精准记录各分项的工程量，为结算提供有力证据。工程技术管理方面更是未雨绸缪，为解决施工中交叉影响，采用BIM技术，提前发现管线布局不合理问题，真正做到了让业主满意、让业主放心。

他们以主人翁的精神保姆式的管理赢得了我单位的信任，和颐新城项目的顺利交付与他们的辛勤付出密不可分，希望山东新开元建设项目管理有限公司在今后的工作中再创辉煌，为东营建设再添新功。

东营众投和颐发展有限公司
2024年9月10日

此外，监理人员对岗位的热爱和敬业精神，以及对职业道德的坚守，赢得了建设单位"非常满意"的赞许。

# 筑造"好房子"是监理人的责任与使命

## ——烟台越秀·云悦里1号~10号住宅楼及地下车库项目

### 一、项目概况

本项目位于烟台市高新区海兴路以东、创业路以南，建筑面积142739.00m²，项目总投资约5.7亿元人民币，建设工期630天，本项目地上18/26层，地下2层。包括高层、小高层、车库、社区配套、商业。

### 二、监理单位及其对监理项目的支持

烟台市工程建设第一监理有限公司作为烟台市首家监理企业，汇聚了300余位中高级技术人才及各类注册执业人员，具有工程监理综合资质。公司实行严格的管理流程，每月对项目监理机构进行检查，内容涉及服务质量、安全保障以及内业资料管理等多个方面。基于此，公司与项目监理机构保持紧密合作，根据项目进展的不同阶段，共同策划并实施质量控制与安全生产管理风险的预防措施，有效避免了多起潜在质量和安全生产事故。此外，公司构建了以监理人员为对象的学习体系，推行季度和周度学习计划，并严格监督其实施效果；定期举办具有针对性的培训与考核活动，有效促进了员工知识与技能的提升，取得了显著成效。

### 三、监理工作主要成效

总监理工程师姜鹏积极参与政府主管部门对烟台市在建工程的质量和安全生产状况的巡查工作，并因其出色的表现荣获2021年度烟台市住建系统"优秀共产党员"称号，以及2022年度和2023年度"优秀项目总监理工程师"荣誉。

在日常工作中，项目监理机构致力于将工作做精、做细、做实。监理团队认真复核施工单位的实测实量数据，组织施工单位依据第三方评估检测对质量风险及安全文明施工环境进行全面排查，实时检查并反馈施工单位的整改情况。在项目交付阶段，项目监理机构积极参与交付陪验工作，主动与客户协同，跟进并维护客户关系。在项目集体交付过程中，取得了到访收房率100%、累计收房率90%、交付服务满意度93分、房屋质量满意度91分的优异成绩。

## 四、建设单位简况

烟台越秀地产开发有限公司由千亿国企越秀地产与"中国民营企业500强"青特置业共同出资，成立于2020年11月24日，注册资本金61510.00万元人民币，主要从事房地产咨询和房地产开发经营。

## 五、专家回访录

2024年9月12日，山东省回访专家组对本项目的建设单位进行了回访。

建设单位表示在挑选监理单位时，特别重视项目总监理工程师的专业素养、责任感和协作精神，以及项目监理团队的专业水平和执行力度。由姜鹏总监理工程师领导的监理团队，在人员年龄构成、管理经验及协调能力等方面与建设单位的需求高度契合。

项目监理机构在施工过程中提出的多项专业建议均得到建设单位采纳，对优化项目成果产生了积极影响。监理人员恪守职业道德，保持廉洁自律，为营造健康的项目文化环境贡献了正能量。同时，还能够积极为建设单位补位，对住宅工程易发的质量"通病"实施了严格的预防和控制措施，并在交付前参与了建设单位为期三个月的项目内部验收，确保所有问

题在交付前得到妥善解决。此外，在迎接第三方评估检测方面，项目监理机构做了大量细致的工作，体现了监理团队细致入微的工作态度和"无懈可击"的执行力，确保了工程质量。在2024年第一季度第三方评估检测中取得了第一名的佳绩。

综上所述，项目监理机构凭借其丰富的工程管理经验、卓越的专业能力以及与建设单位的高度默契配合，高质量地完成了监理招标时设定的预期目标。特别是在防治渗漏等常见质量问题方面取得了显著成效，使得该项目成为越秀2023年度12个项目中最为完美的交付项目。

# 创新驱动　精细监理　提升工程品质
## ——济南先行区崔寨片区数字经济产业园 C-2 地块项目

## 一、项目概况

项目位于济南起步区崔寨街道，总建筑面积11.5万㎡，建设10栋住宅楼，总投资7.74亿元人民币，2021年12月开工，2023年12月竣工，包含装配混凝土结构、钢结构和被动房三种类型，绿建二星，是起步区首个运营的保障性租赁住房。

实景图

## 二、监理单位及其对监理项目的支持

营特国际工程咨询集团秉持"服务建设单位，奉献社会"的理念，依托名校研究资源，在大型复杂建设项目全过程工程咨询领域屡获佳绩。现正向智慧化咨询转型，通过持续创新来强化核心竞争力，力争业界领先。集团坚持以客户需求为导向，技术创新为驱动，汇聚资深工程师专家团队作为企业智库，为项目监理机构提供全方位技术支撑，也为项目提供全过程工程咨询服务。

## 三、监理工作主要成效

项目总监理工程师郭荣勋具有高级工程师职称，曾参与山东高速广场、西蒋峪住宅、庆云县中医院等众多工程项目的监理工作，是集团内备受推崇的优秀总监理工程师。在他的领导下，项目监理机构以精湛的专业水准确保了每一道工序的质量，严格控制工程进度，确保安全生产无虞，以实际行动彰显了责任担当。监理团队在材料验收、方案审核、日常巡检、质量通病防治、隐蔽工程验收以及节点验收等各个环节，均严格执行设计图纸和验收标准，通过精细化管理显著提升了建设项目的品质。此外，该团队还致力于将智慧科技融入项目管理，构建了可靠的安全体系，实现了安全生产事故的"零"记录。项目因此荣获省优质结构奖、安全文明工地奖、节能示范项目奖等多项荣誉，得到了主管部门的表扬。

## 四、建设单位简况

济南黄河绿色产业开发有限公司是济南城市建设集团的控股公司，主要业务是绿色城市开发、建设和运营。依托城市建设集团雄厚实力，在济南新旧动能转换起步区建设、开发和运营中发挥着重要的作用。

## 五、专家回访录

2024年9月11日，山东省回访专家组对本项目的建设单位进行了访谈。

建设单位对项目监理机构提供的监理服务表示"非常满意"。

首先，监理单位高度重视对项目监理机构的管理与支持，通过制定作业指南、业务手册和工作标准，对项目监理机构的工作进行了有效指导；提供了管理软件、全景相机和智慧安全帽；建立了云平台，实现了信息共享；并频繁组织各类培训活动，旨在提升监理人员的专业技能和整体素质。

其次，监理单位专家不时亲临现场提供专业指导，帮助解决各种难题；监理单位亦定期对项目监理机构进行考核，进行绩效评估，以实施"前台+后台"的工作模式，为项目提供"全询+监理"的服务。

**济南黄河绿色产业开发有限公司**

**关于崔寨片区数字经济产业园 C-2 地块项目的评价函**

营特国际工程咨询集团作为崔寨片区数字经济产业园 C-2 地块项目的监理单位，自项目启动以来，提供了全面深入的专家支持与指导，确保了工程质量和安全管理。

公司将工程质量放在首位，严格监督每个环节，积极协助整改质量问题，提出有效建议，保障项目顺利推进。同时，加强施工现场安全巡查，及时发现并纠正不安全行为，确保安全生产，项目被评为山东省优质结构工程和安全文明标准化工地。监理团队还制定了监理规划和进度计划，通过动态监控和调整，确保项目按计划推进，最终如期交付，成为起步区首个运营取得经济效益的租赁住房项目。

感谢营特集团的辛勤付出，期待未来在更多领域合作，推动建筑行业健康发展。

济南黄河绿色产业开发有限公司
2024年9月11日

最后，项目监理机构在进度控制方面表现卓越，通过实行动态管理、及时调整偏差等措施，确保了项目的按时交付，成为起步区首个投入运营并产生经济效益的租赁房项目。

# 全方位监理保障工程提前降本交付

## ——山东八角湾国际会展中心项目

## 一、项目概况

本工程总建筑面积200618m²，投资额32亿元人民币，由会展中心、综合文化活动中心及地下车库组成。其中会展中心125676.2m²，综合文化活动中心25172.29m²，地下车库49769.51m²。地下为钢筋混凝土框架结构，地上结构形式均为钢框架结构。

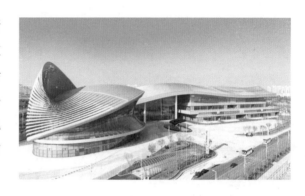

## 二、监理单位及其对监理项目的支持

山东新世纪工程项目管理咨询有限公司具备工程监理综合资质，屡次荣获国家级与省级奖项，拥有超过200名注册专业人员，组建了专业的技术团队和人才储备库，能够充分满足各类工程监理及项目管理服务的需求。监理单位在人力资源、技术能力、培训与教育、资金支持、信息资源共享、管理体系、组织协调能力以及质量监控八个关键方面，为项目监理机构提供全方位的支持。

## 三、监理工作主要成效

项目总监理工程师徐培江积累了超过二十年的监理经验。其负责的多个项目荣获国家级及省级奖项，展现了卓越的监理业务能力和深厚的专业知识。

本项目监理工作采用公司与项目监理机构联动模式，由监理公司的分管领导负责牵头，结合公司技术支持及督导组、现场监理工作组的协同合作，从多个层级和角度出发，全面开展监理服务。在进度控制方面，通过每日的进度汇报、每周的进度调度会议以及每月的项目现场进度复盘，及时识别并积极解决进度计划执行过程中出现的问题，确保项目能够稳定推进。在质量控制方面，严格把关材料进场和工序质量验收；严格执行样板验收制度、销项验收制度以及阶段性分部分项联合验收制度等质量管控措施。在安全生产管理方面，严格执行现场日常报备制度、机械设备管理制度、危大工程管理制度、安全生产隐患销项制度以及安全生产专题检查制度等安全管理措施，确保安全生产目标的达成。

## 四、建设单位简况

烟台业达城市更新服务集团有限公司是一家实力雄厚的国有企业，拥有城市更新建设、城市运营服务、资产资本运营、会展文旅和海洋经济四大核心业务板块，构建了国有资本投资运营平台。公司凭借自有资金和灵活的融资策略，致力于推动区域城市更新建设与发展。近年来，成功打造了一系列具有深远影响的公益及民生项目，包括后沙广场、扬帆广场、烟台八角湾国际会展中心和业达城市广场等地标性建筑，以及城乡供水一体化改造和大批安置小区的建设。

## 五、专家回访录

2024年9月12日，山东省回访专家组对本项目的建设单位进行了访谈。

建设单位介绍：本项目的定位是烟台市规模最大的会展中心。针对本工程规模大、主体和玻璃幕墙结构复杂、装配率高等特点，监理单位组建了由分管领导带队的专业监理团队，总监理工程师专业能力和协调能力突出，团队成员综合能力强。项目监理机构在现场实施分区管理，结合双曲面幕墙、异型屋面等工程技术难点采取了针对性措施，配备了专业测量工程师进行定位测量复核，解决了大量技术难题。同时，监理单位领导定期到项目进行检查、技术指导和走访，成立了项目临时党支部，为项目监理机构提供了很好的资源和技术保障。

通过监理人员努力工作，在质量、进度、投资控制和安全生产管理等各方面均

**烟台业达城市更新服务集团有限公司**

**监理服务评价函**

在八角湾国际会展中心项目建设过程中，山东新世纪工程项目管理咨询有限公司在各方面工作中做到了公正、独立、自主，严格监理、热忱服务，出色地完成了监理任务。

一、人员到岗情况

监理单位在项目建设过程中，项目总监及主要监理人员按照合同要求及时到岗履职。在施工的关键阶段，监理人员坚守岗位，确保施工过程中的各项工作得到有效监督。

二、质量控制方面

1. 监理单位在质量控制方面表现出色。从原材料的进场检验到各工序的质量验收严格把关，认真控制。本项目用钢量高达7.5万吨，监理单位严格执行见证取样、封样送检制度，确保所使用材料符合合同及规范要求。

2. 对关键部位的旁站和隐蔽工程的验收，监理人员精细把关、认真负责。该项目"银贝"造型空间结构复杂，网壳钢结构、异型屋面节点定位难，现场派驻专业测量放线人员，对现场定位进行复核，确保精准定位。

三、效益方面

监理单位在成本控制方面发挥了积极作用。通过对工程变更的严格审核，有效地控制了工程费用的增加。在施工过程中，积极提出合理化建议，优化施工方案，力争降低工程成本，提高工程效益。根据项目实际情况，地下室超大混凝土结构底板施工中，采用跳仓间歇法施工，缩短地下室施工周期约45天，为地上钢结构施工创造了条件，节省工期约40天，节约成本1400.96万元。

综上所述，监理单位在本项目建设过程中，在人员到岗、质量控制、进度控制和效益方面都表现出色，为项目的顺利实施做出重要贡献。

烟台业达城市更新服务集团有限公司

2024年9月12日

取得突出效果，工期提前约40天，节约投资约1400余万元，荣获了"鲁班奖"，取得了很好的投资效益，也圆满达到了预期目标。

# 洞悉客户"好房子"需求　充分发挥工程监理作用
## ——河南商丘正商书香华府项目

## 一、项目概况

正商书香华府位于河南商丘，建筑面积25.22万m²，位于商丘市主城区。户型设计具有明显的"好房子"特征，是宜居安逸与舒适的核心"好社区"，该项目荣获省级安全文明标准化示范工地和省级质量标准化示范工地。

## 二、监理单位及其对监理项目的支持

荣泰工程管理咨询有限公司是一家具备工程监理综合资质的全过程工程咨询服务商。公司拥有强大的技术实力和一支由高素质人才组成的团队，曾多次荣获国家"鲁班奖"及省级质量奖项。针对建设单位现场资源配置的实际情况，公司组织一支精干高效的监理团队组建项目监理机构。公司注重前端工作的精细化管理，同时强化后端工作的支持能力，运用BIM技术和信息共享平台等现代科技手段，致力于提升各方协同工作的效率。

## 三、监理工作主要成效

项目监理机构秉持"公正、自主、诚信、科学"的核心原则，恪守监理职责与义务，严格执行总监理工程师关于质量安全的六项规定，能迅速应对现场发生的各类紧急情况。监理团队还致力于调和各参建单位间的分歧与矛盾，并向建设单位和施工单位提出多项合理化建议，这些意见均被采纳，从而使得项目工期缩短了45天，获得了各参建单位的高度评价。该项目荣获省级安全文明标准化示范工地及省级质量标准化示范工地的荣誉。

项目总监理工程师朱民强具有15年的项目管理经验，在应对突发事件、危机处理及风险控制等方面展现出卓越的专业能力，并在多个大型项目中担任总监理工程师，擅长将"首次尝试、未曾实践过的事宜"处理得当。

## 四、建设单位简况

商丘木华置业有限公司是正商集团投资的房地产开发公司，以"为优秀人群创造品质生活、为社会创建优质环境"的价值理念，砥砺前行、不断超越，荣获"商丘市十大诚信开发企业"、"2023年度商丘房产十强"等荣誉称号。

## 五、专家回访录

2024年9月4日，河南省回访专家组对本项目的建设单位进行了深入访谈。

在与建设单位的交流中，专家组获悉：正商书香华府项目作为正商集团进军商丘市场的首个项目，监理招标过程中特别重视监理单位在当地的综合影响力及声誉，可以协助建设单位在商丘树立良好的社区公共形象，并为打造高品质住宅提供卓越的监理服务，确保"好房子"目标的达成。中标的监理单位已充分满足了招标时的各项预期。

建设单位对监理服务的总体表现给予了全面的反馈和评价，对现场监理人员的专业素养、丰富经验、快速响应、协调能力以及岗位责任感表示了肯定，尤其在关键材料进场的管理上所展现的原则性给予了高度评价。

**商 丘 木 华 置 业 有 限 公 司**

**关于对正商书香华府项目监理服务评价的函**

正商书香华府项目监理机构以"公平、独立、诚信、科学"的职业准则，全面、准确地理解我方的建设意图，履职尽责，勤勉服务，提供了专业的技术指导和专业建议，在实现项目目标的过程中发挥了不可替代的作用。

荣泰工程管理咨询有限公司针对我方现场工程师的管理能力和特点，有针对性地组建了项目监理机构，为项目量身制定了"精前端、强后端"的实施方案，建立和运行了务实有效的项目管理监控体系，积极推动BIM和项目管理信息化技术应用，现场监理工作做到了科学化、规范化和信息化，忠实地履行了监理单位应尽的职责和义务，圆满完成监理合同所约定的目标和任务。

该工程被评为省级安全文明标准化示范工地和省级质量标准化示范工地，不仅助力于荣泰咨询公司使命、愿景和价值观的实现，而且促进了"品质至上"的正商文化在书香华府项目上的延伸和融汇，项目产生了良好的经济效益、环境效益和社会效益。

荣泰工程管理咨询有限公司业务专攻的职业精神和卓有成效的监理成果，值得业界尊敬，我方愿意与荣泰咨询公司真诚合作。

2024 年 9 月 4 日

建设单位建议，工程监理应积极适应时代发展的需求，主动探索客户的新需求，加强项目风险管理，更好地发挥工程监理的作用。

# "监"证河南科技逐梦　展现中原河洛文化
## ——河南省科技馆新馆项目

## 一、项目概况

河南省科技馆新馆工程设计创意灵感源于"河洛文化"意象，建筑形态宛如黄河与洛河交汇形成的自然造型。

项目总投资约20.37亿元人民币。总建筑面积13.035万m²、建筑高度43.85m、由西广场、主场馆、独立人防车库、圭表塔（观光塔）四部分组成。

## 二、监理单位及其对监理项目的支持

河南海华工程建设管理有限公司隶属于河南省国资委，是省管国企"河南中豫建投集团"的全资子公司，具有多项监理甲级资质。公司积极开拓海外业务，监理业务遍及也门、安哥拉、阿尔及利亚、塞内加尔、坦桑尼亚等非洲国家。针对本项目技术难度大等特点，公司组织了专家顾问团队，为项目提供技术支持、解决疑难问题等多方面服务，并安排公司总工程师担任项目总监理工程师。

## 三、监理工作主要成效

本项目总监理工程师周凤翔具有正高级工程师职称，是河南中豫建投集团的首席工程师。其监理的项目荣获国家级奖项6项，省级质量奖项23项。在他的引领下，项目监理机构建立了严格的内部管理与外部控制机制，并组建了监理创优小组。针对项目中异型构件众多的特性，监理团队运用BIM技术加强过程控制，不仅解决了建筑外观效果和施工技术上的难题，还显著提升了施工精度，确保了项目的顺利推进。

项目监理机构全面履行了"三控两管一协调"以及安全生产管理的监理职责，成功实现了投资控制在预算范围之内，工程建设期间无安全事故发生，达到绿色三星标准，并满足了扬尘治理"8个100%"的合同目标。项目因此荣获省部级各类荣誉50余项，并在2022～2023年度荣获"鲁班奖"。

## 四、建设单位简况

本项目的建设单位黄河勘察规划设计研究院有限公司是集流域和区域规划、工程勘察、设计、科研、咨询、监理、项目管理、工程总承包及投资运营业务于一体的综合性勘察设计企业。

## 五、专家回访录

2024年9月13日，河南省回访专家组对本项目的建设单位进行了深入访谈。

建设单位就项目监理机构在工作中的作用发表了如下见解：本项目通过公开招标的方式选定了监理单位，在监理团队的精心策划与严格管控下，顺利实现了合同目标，并荣获"鲁班奖"。针对项目特有的钢结构超大空间扭转体系和国内首创的超大规模双层生态立面幕墙，监理单位为施工方案的选择、优化及实施提供了强有力的技术支持。通过严格的过程控制，确保了大吨位钢结构整体吊装的安全性以及幕墙施工的质量。监理单位深度参与了建设单位的决策及施工管理过程，本项目工期为30个月，其中18个月处于疫情期间，施工组织面临极大压力。监理单位充分利用BIM技术，使施工进度计划更加精确，施工

效率得到提升，最终项目按合同工期顺利竣工，展现了监理单位卓越的服务意识和专业价值。

建设单位对监理工作表示高度认可，认为我国实施工程监理制度极为必要，监理单位在工程建设中的目标控制作用不可或缺。

# 科技赋能监理服务　高效优质交付项目

## ——河南郑投科技创新园项目

## 一、项目概况

郑投科技创新园建设项目位于郑州市二七区马寨产业集聚区月光路南公安路东，总建筑面积约9.5万m²，总投资约3.5亿元人民币。其中1号楼为钢结构，45天建成；2～16号楼为框架结构，地下一层，计划工期450天，实际工期450天。

## 二、监理单位及其对监理项目的支持

河南晟豫工程管理有限公司拥有工程监理综合资质，恪守"诚实守信、创新共赢"的经营宗旨，为建设单位提供全方位、高标准的服务。公司对项目监理机构给予充分的人力资源和硬件设施支持，配置无人机和BIM技术管理团队入驻现场，委派优秀监理工程师张健担任项目总监理工程师，助力现场监管任务的完成，显著提高了监理服务品质和工作效率。

## 三、监理工作主要成效

总监理工程师张健具有正高级工程师职称，同时具备注册监理工程师及一级建造师的执业资格，具有丰富的工程监理经验。

项目监理机构采用了BIM技术和无人机航拍管理技术，在管道布局的优化、工程进度的动态管控以及安全生产管理等方面做出了显著的贡献。成功实现了1号楼提前10天交付使用的目标，在工程竣工验收阶段，通过实施"问题销项管理"策略，共提出了450余项销项问题，节约了约200万元人民币的项目投资。该项目荣获"2020年河南省工程质量标准化示范工地"、"2020年建筑施工工地安全生产标准化项目"、2023年度河南省建设工程"中州杯"以及"河南省建筑业绿色施工示范工程"等多项荣誉。

## 四、建设单位简况

郑州投控科技产业园区发展有限公司是郑州投资控股有限公司的全资子公司。该公司主要聚焦于产业园区的基础设施建设与运营管理，致力于成为提供郑州地区专业产业园建设与运营的一站式服务企业。

## 五、专家回访录

2024年9月10日，河南省回访专家组听取了建设单位对本项目监理服务的评价。

建设单位对监理工作给予了肯定和认可，认为委托监理单位是极为必要的。工程监理不仅有效地帮助建设单位确保了工程质量，管理了现场的安全文明施工，还促进了工期的提前完成和工程成本的降低。特别是在1号楼施工高峰期，监理人员展现了吃苦耐劳、不畏艰难的职业精神，推动了项目的提前竣工。

项目监理机构的人员配置采取了老中青结合的方式，技术力量足以满足监理工作的需要。监理人员廉洁自律，严格遵守项目监理机构的管理规定，并与建设单位建立了长效的沟通机制，充分发挥了监理人员在管理和技术方面的优势，确保了整体项目的按期交付，部分项目甚至提前完成。

**郑州投控科技产业园区发展有限公司**

**关于对郑投科技创新园建设项目监理服务评价的函**

河南晟豫工程管理有限公司作为郑投科技创新园建设项目的监理单位，以精湛的专业技术和高度的责任心，始终秉持"严格管理、监帮结合"的服务理念，为该项目的顺利实施提供了优质的监理服务，我司对该公司监理过程中的表现给予高度认可。

该公司在合同履约方面表现出高度的责任心和使命感。尤其是在1#楼实施期间，监理人员始终保持24小时在岗，不怕苦、不怕累，履职尽责，确保1号楼45日历天顺利交付。项目监理团队始终坚守"安全为大、质量第一"的原则，对项目进行标准化、精细化管理，确保了项目联合验收的一次性通过。同时该公司积极探索新技术、新方法的应用，投入无人机、BIM技术管理等科技创新手段，提质增效，为项目工期优化、安全管理、质量验收等做出了积极贡献。

本项目获得国家、省、市、区四级行业主管部门的表彰，并获得河南省建筑工程质量标准化示范工地和河南省安全文明施工标准化示范工地，并在2023年取得"中州杯"。该项目的顺利交付为我公司打造郑州专业产业园建设与运营一站式服务做出积极贡献，产生了积极的经济和社会效益。

该公司在监理服务中表现出了较高的专业水平和良好的服务态度，为我司项目的顺利交付做出了重要贡献。

郑州投控科技产业园区发展有限公司

2024 年 9 月 10 日

建设单位表示，监理单位对该项目提供了巨大的支持，运用无人机和BIM技术辅助项目监理机构的工作，提升了事前控制的有效性，确保了工程质量，提高了工作效率，降低了工程成本。

# 专业、优质、高效的监理服务赢得客户满意
## ——河南省直青年人才公寓广惠苑项目

## 一、项目概况

省直青年人才公寓广惠苑项目坐落于河南省郑州市，该项目被列为省级重点建设工程，总投资规模高达约21亿元人民币。项目总建筑面积374999.46m$^2$。该项目的建设内容涵盖住宅区域、商业、幼儿园等一系列配套的公共服务用房。该项目在2022年度荣获了"河南省装配式建筑示范项目"的殊荣，充分展示了其在装配式建筑领域的领先地位和示范作用。

## 二、监理单位及其对监理项目的支持

河南省光大建设管理有限公司拥有工程监理综合资质，位列全国监理行业百强企业之列，彰显了其在行业中的领先地位。经过近20年的深入发展与经验积累，公司已成长为一家集专业技术力量雄厚、服务品质卓越、社会信誉良好于一身的综合性企业。针对本项目，公司依据监理项目特性及工作需求，精心组建了一支具备装配式建筑监理经验的专业团队，致力于为建设单位提供专业、优质、高效的监理服务，确保工程项目能够以高质量、高效率顺利完工。

## 三、监理工作主要成效

本项目总监理工程师由资深高级工程师魏在军担任。他凭借在监理领域多年积累的深厚经验，在监理过程中特别注重监理团队的管理与建设，精心设计并实施了一套科学合理的监理工作流程，保障了监理工作的顺畅和高效执行。

针对本项目装配式建筑的特点，项目监理机构将监理工作的核心定位在对项目的全面和全程监督与控制上，并通过执行严格的现场检查制度、驻厂监造制度、详尽的资料审核流程以及高效的协调沟通机制，有效地预防并妥善处理了项目实施过程中由装配式

建筑带来的部品部件预制与现场施工之间的问题与挑战，确保了项目质量、进度、安全等各项指标均达到预定目标。同时，项目监理机构通过提出合理化建议并严格控制变更和现场签证，节省了项目投资1.12亿元人民币。此举不仅为建设单位节省了资金，也赢得了建设单位的高度满意。

## 四、建设单位简况

河南省豫资青年人才公寓置业有限公司作为河南省财政厅的直属国有企业，其核心业务聚焦于房地产开发经营、市场营销策划、物业管理及住房租赁等多个领域。

## 五、专家回访录

2024年9月13日，河南省回访专家组对本项目的建设单位进行了访谈。

建设单位明确指出，省直青年人才公寓项目作为河南省首批采用装配式结构的公益性项目，在选择监理单位时，特别注重其对新工艺、新技术的专业知识掌握、过程质量控制以及沟通协调能力，以确保项目的整体质量和进度均处于可控状态。回顾本项目监理团队的表现，从人员配置的合理性到工作的责任心，再到与各参建方沟通的顺畅以及服务态度的优良，均显示出卓越的水平。特别值得提及的是，在面对复杂情况或突发事件时，该团队表现出了极高的积极性和强大的履职能力，充分证明了建设单位当初的选择是正确的。

此外，建设单位还提出了建设性的意见，强调应致力于打造学习型监理团队，确保沟通协调工作全面覆盖现场施工的所有单位与环节。作为工程监理，其强大的专业优势在质量控制与安全生产管理方面能够发挥不可替代的重要作用。

# 高效履约　无私奉献　赢得赞誉

## ——郑州市 107 综合管廊项目

## 一、项目概况

郑州市郑东新区107辅道（新龙路–七里河北路）综合管廊工程为郑州市重点市政工程项目，项目总投资125568.57万元人民币，干线管廊总长7.15km、出线支廊约0.75km，入廊管线包含给水、热力、电力、通信、再生水。

## 二、监理单位及其对监理项目的支持

河南大象建设监理咨询有限公司成立于2001年，历经二十余载沉淀，具备全产业链、全过程咨询服务综合实力，并在建设领域积累了优良的口碑和企业影响力。公司组织专家团队分析该项目重难点后制定了管理预案，组建了项目监理机构，运用技术标准化为基础的管理规范化进行流程控制，定期派专家团队对现场监理工作进行检查，以现场会的形式解决出现的问题，为项目的顺利实施保驾护航。

## 三、监理工作主要成效

本项目的总监理工程师薛莉是一位在工程监理领域具备深厚管理经验的专家。她凭借出色的工作业绩和专业技能，屡次荣获省级优秀总监理工程师的殊荣。在每项工序施工前，总监理工程师均会亲自组织内部交底会议，确保每位现场监理人员对工作流程及相应标准规范有充分了解，以便他们能够有针对性地实施预控措施。此方法使得监理人员能够及时识别并消除潜在的质量问题和安全生产隐患，显著提升了工作效率。

为应对本项目工期紧迫及大量土方工程的双重挑战，项目监理机构依据过往扬尘管理经验，制定了详尽的日程计划，并组织了6次专题研讨会。通过深入的分析和讨论，制定了切实有效的防扬尘控制措施。最终在扬尘高发期来临前的52天内，顺利完成了所有的土方工程作业，确保了项目的顺利推进，并且提前实现了封项目标。

## 四、建设单位简况

郑州国家干线公路物流港建设开发投资有限公司为郑东新区国有公司，隶属郑东新区管理委员会。现已完成的主要建设项目有郑东新区电子商务大厦、郑东新区107综合管廊、中原龙子湖学术交流中心等惠民工程，助力郑州经济发展。

## 五、专家回访录

2024年9月11日，河南省回访专家组对本项目的建设单位进行了深入访谈。

在访谈过程中，专家组获悉：该项目是郑东新区质量标准化、精品化示范工地，也是郑东新区最长的综合管廊项目。该项目施工条件严苛，工期紧迫，工程量庞大，管理难度高，因此，监理工作的难度极为巨大。项目监理机构面对挑战，发挥专业技术优势，攻克技术难关，通过创新管理和考核方法，充分调动了各参建单位的积极性，并通过对项目实施的标准化管理，督促施工单位严格按照施工方案组织施工，及时有效地解决施工过程中的难题，确保了工程质量完全受控，项目提前完工。

责任重于能力。建设单位高度认可该项目监理人员的敬业精神、责任心和卓越的

**郑州国家干线公路物流港建设开发投资有限公司**

关于对监理单位服务质量评价的函

郑州市郑东新区107辅道（新龙路-七里河北路）综合管廊工程二标段由河南大象建设监理咨询有限公司负责施工阶段监理工作，监理单位根据工程要求，组建了以薛莉为总监理工程师的项目监理机构，配备满足监理工作需要的检测设备、工具和办公设施，密切配合建设单位工作，确保监理工作任务顺利完成。

总监理工程师认真执行相关验收规范标准，及时有效解决现场出现的问题，积极与建设单位沟通，协调参建单位之间的问题，特别是在质监站、安监站、扬尘办等建设行政主管部门到现场巡查时，认真记录并落实主管部门相关工作要求，使得工程有序、规范推进。

监理人员主动发挥专业技术方面的优势，对施工过程中易出现的问题及工序检查、验收标准等提前对施工项目部进行交底，确保了技术指导工作的前瞻性和针对性；项目实施过程中能及时发现问题，分析原因，采取措施，保证了现场施工质量，有效促进了工期控制。

监理单位定期回访建设单位，对现场监理机构服务履约进行调查，了解项目阶段性建设目标和我方的管理要求，对工程建设起到了积极的作用。

项目监理机构的全体成员表现出了高度的责任心和服务意识，严格遵守职业道德，在质量控制、进度管理和安全管理等方面展现了专业性，出色地完成了合同目标。

郑州国家干线公路物流港建设开发投资有限公司
2024年9月11日

服务意识，现场监理人员高效履约、无私奉献、顽强拼搏的风范赢得了各参建方的高度赞誉。

# 严格监理创优质工程，精心服务赢业主满意
## ——中国文字博物馆续建项目

## 一、项目概况

中国文字博物馆续建工程项目包含东、西两个独立场馆，分别命名为"徽文馆"与"博文馆"，与原有的主体馆"宣文馆"在空间布局上形成了一种环抱之势。该项目位于河南省安阳市人民大道东段北侧，规划用地面积约为174.5亩，总建筑面积68297.70m$^2$。工程总投资约人民币94500万元人民币。

## 二、监理单位及其对监理项目的支持

中新创达咨询有限公司拥有工程监理综合资质，是经国家认定的高新技术企业，同时也是河南省建筑业的骨干企业、科技型企业及创新型中小企业。公司精心挑选具有扎实专业技术背景和丰富经验的监理人员组建项目监理机构。此外，公司配备了先进的信息化设备和检验检测工具，并强化了人员的专业培训与巡检工作。通过充分发挥专家委员会的专业指导优势，定期提供指导，确保项目建设目标的顺利实现，为项目的成功提供坚实的保障。

## 三、监理工作主要成效

本项目的总监理工程师为持有多项国家注册资格证书的杨明宇高级工程师，他多次荣获河南省建设监理协会颁发的"优秀总监理工程师"荣誉称号。项目监理机构积极实施风险评估与预警机制，加强施工现场的质量控制与安全生产管理工作。监理团队通过加强监督和巡检，及时发现并纠正了诸如展品标签不一致、摆放位置不当等问题，有效减少了返工和失误，获得了建设单位及陈展单位的高度评价和认可。监理团队还重视与建设单位及其他参与方的沟通与协作，共同推进项目进度，形成了99份监理例会纪要、

26份专题会议纪要、252份监理通知单和31份监理工作联系单，有效解决了实施过程中出现的问题，确保了项目的顺利交付。在各参建单位的共同努力下，项目荣获了安阳市“殷都杯”、河南省“优质结构工程”等多项省市级重要奖项。

## 四、建设单位简况

中国文字博物馆是经国务院批准设立的国家一级博物馆，集文物保护、陈列展示与科学研究功能于一身。该馆不仅是全国爱国主义教育示范基地，还肩负着科普中心、国家汉字文化中心及国际性文化交流平台的重任，是向世界展示中华文化的璀璨窗口。

## 五、专家回访录

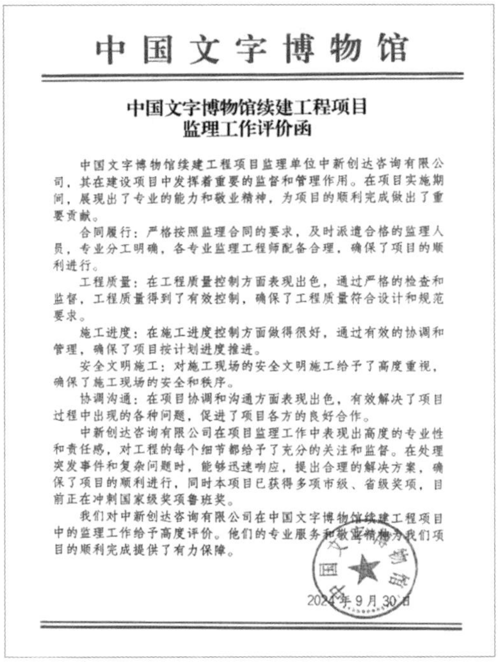

中国文字博物馆

中国文字博物馆续建工程项目
监理工作评价函

中国文字博物馆续建工程项目监理单位中新创达咨询有限公司，其在建设项目中发挥着重要的监督和管理作用。在项目实施期间，展现出了专业的能力和敬业精神，为项目的顺利完成做出了重要贡献。

合同履行：严格按照监理合同的要求，及时派遣合格的监理人员，专业分工明确，各专业监理工程师配备合理，确保了项目的顺利进行。

工程质量：在工程质量控制方面表现出色，通过严格的检查和监督，工程质量得到了有效控制，确保了工程质量符合设计和规范要求。

施工进度：在施工进度控制方面做得很好，通过有效的协调和管理，确保了项目按计划进度推进。

安全文明施工：对施工现场的安全文明施工给予了高度重视，确保了施工现场的安全和秩序。

协调沟通：在项目协调和沟通方面表现出色，有效解决了项目过程中出现的各种问题，促进了项目各方的良好合作。

中新创达咨询有限公司在项目监理工作中表现出高度的专业性和责任感，对工程的每个细节都给予了充分的关注和监督。在处理突发事件和复杂问题时，能够迅速响应，提出合理的解决方案，确保了项目的顺利进行，同时本项目已获得多项市级、省级奖项，目前正在冲刺国家级奖项鲁班奖。

我们对中新创达咨询有限公司在中国文字博物馆续建工程项目中的监理工作给予高度评价。他们的专业服务和敬业精神为我们项目的顺利完成提供了有力保障。

2024年9月30日

2024年9月9日，河南省回访专家组对该项目的建设单位进行了深入访谈。

建设单位明确表示，在监理招标过程中，其初衷是挑选一家业绩突出、实力强大的监理单位，目的是借助其独立性和专业优势来保证工程质量和施工安全，能够保证项目按时竣工并对外开放。值得庆幸的是，中标的监理单位完全满足了这些要求。监理单位在中标后迅速行动，根据项目的特殊性精心组建了项目监理机构，并派遣了众多专业技能娴熟、责任心强、工作勤勉的监理人员。面对施工过程中遇到的多项技术难题，例如预制挂板的精确安装、广场梯形石材铺装的复杂排版、地下车库管道布局的优化等，监理团队充分发挥了其专业技能，提出了有效的解决方案和合理化建议。

随着项目进入后期阶段，布展工作与施工进度的交织为项目管理带来了新的挑战。在此关键时刻，监理团队主动与建设单位紧密协作，共同制定了详尽周密的计划，有效协调了各参与单位之间的关系，促进了各方之间的顺畅沟通与紧密合作。这些措施为工程的顺利推进奠定了坚实的基础，最终实现了验收与开放同步进行的目标。

# 监理工作高标准　工程建设高质量
## ——洛阳市伊水西路立交项目

## 一、项目概况

　　河南省洛阳市伊水西路立交工程，共有A、B、C、D、E、F、G、H八条匝道，包括：路基、路面、通道、桥面系改造、雨污水管道、电力、照明等建设工程，以及原有南环路跨线桥改造工程。实现交通流向的快速转换。

## 二、监理单位及其对监理项目的支持

　　河南路星工程管理有限公司持有公路工程监理甲级资质以及多项试验检测资质和其他监理资质。依据合同规定并结合具体项目情况，公司组建了专业人员配备完善的项目监理机构，定期对专业人员进行培训，同时在现场配备了必要的检验检测工具。公司高层管理人员每周参加监理例会，掌握工程进度，及时处理需要公司协助解决的现场问题，确保监理工作目标得以实现。

## 三、监理工作主要成效

　　项目总监理工程师王瑞具有高级工程师职称，持有注册监理工程师、一级建造师执业资格证书，有丰富的市政工程管理经验。他领导项目监理机构将"三控两管一协调"以及安全生产管理作为监理工作的核心。严格审查施工方案，认真做好见证取样和平行检验工作；通过发挥专业技术人员的管理水平，主动控制施工进度，使工期成功缩短了50天。基于过往的监理经验，监理团队对道路保通方案提出了建设性的建议，细化了保通人员的岗位责任制度、岗前培训与演练制度以及应急措施，明确了施工单位的职责，编制了安全设施清单。此外，通过组织召开针对保通工作专题会议，确保了现场道路的畅通无阻，最终顺利完成了合同中约定的服务内容。该项目荣获了河南省建筑工程质量标准化示范工地、河南省市政工程省级安全文明工地以及河南省市政工程"金杯奖"等荣誉。

## 四、建设单位简况

本项目的建设单位是洛阳市住房和城乡建设局，负责对洛阳市市政基础设施工程的建设以及住房和城乡建设的管理工作，为城市市政工程建设高质量发展做出了重要贡献。

## 五、专家回访录

2024年9月6日，洛阳市住房和城乡建设局负责人接待了河南省回访专家组，并从建设单位与政府行政管理部门的双重角度，对监理单位所提供的服务进行了客观的评价。

鉴于洛阳市伊水西路立交建设工程项目是洛阳市路网规划中的关键节点工程，也是洛阳市的重点建设工程，监理单位凭借其在交通工程监理领域的丰富经验，为保通方案的选择、疏导及优化等方面提供了高效的专业服务。

在整个监理过程中，项目监理机构人员配置完整，检测设备齐全，顺利完成了监理合同中约定的服务内容。此外，监理单位利用其具备的检测资质，现场配备了试验检测设备，并进行了平行检验，确保

### 洛阳市住房和城乡建设局

#### 建设单位对监理工作的评价函

河南路星工程管理有限公司根据合同约定和项目实际情况，利用自身具有交通工程监理工作经验和试验检测资质等优势，组建了专业齐全、技术全面、综合素质高的项目监理机构，配备了相应的检测器具。

项目监理机构严格按照法律法规、标准规范以及勘察、设计文件、监理合同等开展监理工作，始终坚持"公平、独立、诚信、科学"的工作原则，认真落实见证取样和平行检验工作，严把质量安全关。通过每天核对施工计划落实情况，及时纠偏，提前完成了合同约定的工作内容。他们履职尽责，高度重视安全生产管理的监理工作，及时处理安全隐患，积极协调参建各方关系，监理文件资料整理及时、真实、齐全。

监理单位圆满完成了监理合同约定的服务内容，实现了各项既定工作目标，项目荣获河南省建筑工程质量标准化示范工地、河南省市政工程省级安全文明工地、2022年度河南市政工程金杯奖。

我们认可监理单位的良好表现，对其监理服务评价为优秀。

洛阳市住房和城乡建设局
2024 年 9 月 6 日

了工程的高质量交付，为项目获得河南市政工程"金杯奖"奠定了基础。

作为建设行政管理部门，我们坚信工程监理制度的必要性。

# 专业服务配套数字化技术　保障项目高质高效如期交付
## ——洛阳市隋唐大运河文化博物馆项目

## 一、项目概况

　　项目位于洛阳市瀍河与洛河交汇处,总投资4.05亿元人民币,建筑面积32986.3m²,建筑高度23.9m,采用混凝土剪力墙和拱券结构,辅以青砖、清水混凝土等元素,是集文物保护、科研展陈、信息监测、合作交流于一体的现代化综合性博物馆。

## 二、监理单位及其对监理项目的支持

　　建基工程咨询有限公司是一家具备工程监理综合资质、建筑设计、造价咨询、招标代理、水利施工监理等多项资质的专业服务企业,致力于提供全面的建设工程全过程咨询服务。在项目实施阶段,公司依据监理合同及现场监理工作的实际需求,积极配置项目监理机构内各专业岗位人员,确保提供高质量的履职服务,并通过应用数字化管理平台强化项目的过程管理,从而提升了公司与项目监理机构间的沟通交流效率。

## 三、监理工作主要成效

　　本项目的总监理工程师王再兴具有正高级工程师职称,拥有23年的工程监理经验。在其监理的工程项目中,多次荣获省级表彰。在他的领导下,项目监理机构遵循国家标准化文件、设计图纸及合同要求,主动开展质量、进度及投资的控制工作,并切实履行安全生产管理职责。监理团队通过运用BIM技术对复杂施工方案进行模拟,有效识别并预防了潜在的结构冲突和安全风险,同时优化了资源分配,避免了返工和资源的浪费,共计节约项目资金112万元。得益于项目监理机构与各参建单位的通力合作,该项目按计划顺利完工,并荣获洛阳市优质工程奖及河南省建筑工程质量标准化示范工地奖。

## 四、建设单位简况

洛阳市文物局肩负着全市文物保护、抢救、发掘、研究、出境及宣传工作的重任，同时负责博物馆事业的发展。该局内部设有文物科、博物馆科、文物安全保卫科、大遗址保护办公室等机构。其直属单位包括洛阳博物馆、二里头夏都遗址博物馆等重要文化机构。

## 五、专家回访录

2024年9月7日，河南省回访专家组对项目的建设单位进行了访谈。建设单位对项目监理机构的工作表示高度满意和认可。他们认为：

监理团队的专业能力和丰富的经验，以及配备的先进设施如视频监控和无人机等，为项目的顺利推进提供了坚实的保障。

项目监理机构在数字化管理方面的先进手段也得到了建设单位的高度评价。特别是在解决施工过程中遇到的一些复杂技术问题时，项目监理机构运用了三维可视化技术，提出了切实可行的解决方案。例如，在超重玻璃的安装、陶瓷吊顶排版和室内大型钢结构坡道的拼装过程中，项目监理机构通过精确的三维模型分析和可视化技术，既确保了玻璃安装的安全性和准

确性，又优化了吊顶排板方案，提高了施工效率和质量，还确保了结构坡道拼装的精确性和结构的稳定性。这些技术手段的应用，不仅提高了施工效率，还为建设单位的决策提供了有力的技术支持，确保了项目的顺利进行。

# 以专业实力赢得赞誉　超预期实现项目交付

## ——商丘市儿童医院项目

## 一、项目概况

商丘市儿童医院（河南省儿童医院商丘医院）位于河南省商丘市，总建筑面积11.2万m²，设床位600张，总投资约6.59亿元人民币。作为豫东省级区域医疗中心，项目建成后将切实满足儿科医疗服务的巨大需求，缓解儿童患者跨区就诊难题。

## 二、监理单位及其对监理项目的支持

万安广厦工程咨询有限公司拥有工程监理综合资质，是河南省十佳高质量发展示范企业，也是河南建筑业骨干企业。公司经常对监理团队进行多专业、多维度的专业技术培训，以提高监理人员的专业技术水平。同时，邀请省级专家库成员参与项目的方案论证和技术研讨。此外，公司对项目监理机构实行月度巡查、季度考核和年度总结制度，并定期对建设单位进行回访，针对反馈的问题及时进行整改。

## 三、监理工作主要成效

项目总监理工程师是拥有丰富监理工作经验的张涛高级工程师。在他的领导下，项目监理机构恪守工程建设规范，通过制度建设确立了健全的管理机制，确保了各项工作的执行有据可依，责任明确。同时，他注重合同管理，针对EPC项目合同中缺少工程量清单和单价的情况，监理团队凭借类似项目管理的相关经验，进行了多次实地考察和询价，最终确定了合理的价格，有效控制了工程投资。此外，项目监理机构凭借其技术与管理优势，多次提出具有建设性的建议，不仅节约了成本，还加快了工程进度。例如：①通过将设计总平与施工总平相结合，实现了材料和工期的节约；②在地库顶板设计中预留了施工电梯荷载，避免了后续的回顶工作，从而节省了成本15万元人民币；③通过组织专题研讨会，提出了改进施工工艺的建议，采纳后缩短了工期4个月，并节约了120万元的成本。

## 四、建设单位简况

商丘市第一人民医院的前身是加拿大圣公会于1912年创办的圣保罗医院，1998年更名为商丘市第一人民医院。医院建筑面积2.45万㎡，现有编制床位2000张，是河南省五大区域医疗中心之一。商丘市儿童医院隶属于该院建设项目。

## 五、专家回访录

2024年9月5日，河南省回访专家组对本项目的建设单位进行了访谈。

回访专家组与建设单位负责人进行了坦诚的交流。建设单位在选择监理单位时，主要考虑了其技术实力、历史业绩以及与项目需求的契合度，特别重视其专业技能和在管理大型医院项目方面的丰富经验。

在谈及"监理服务的履行情况是否达到招标时的预期目标"时，建设单位对监理团队的专业能力给予了极高的评价。他们认为，总监理工程师在组织协调方面表现出色，对解决施工过程中的问题作出了重要贡献。监理人员始终保持与施工单位之间的独立性，确保了监理工作的公正和廉洁；监理团队积极提出合理化建议，通过科学的管理方法有效控制了工程质量、进度和投资，成功实现了预定的建设目标。

## 商丘市第一人民医院基建与维修办公室文件

[2024]第 21 号文

### 建设单位评价函

商丘市儿童医院（河南省儿童医院商丘医院）项目，是我院打造国家级儿童重点专科医院，是省级区域医疗中心之一，建成之后将解决区域内孩子看病难、看病远的问题。

本项目创优质目标为鲁班奖，万安咨询进驻本项目后，监理人员通过院方面试认可，专业能力和技术水平过硬，组织协调能力较强。监理团队施工中积极向建设、施工单位提出合理化建议并被采纳，积极参与各方之间的问题协调，得到参建各方的充分认可。

监理过程中团队多次提出合理化建议。建议一：设计总平面与施工总平面永临结合，从而节约了材料和工期；建议二：塔吊基础与筏板施工融合，节约成本45万元；建议三：地库顶板设计预留施工电梯荷载避免回顶，6台施工电梯节约成本15万元；建议四：基坑肥槽回填、降水、监测工期等组织召开专题研讨会，修改施工工艺，原土改为流态固化土回填，降水和监测缩短工期，节约工期4个月，节约成本120万元。

经过一年多的合作与观察，院方认为万安广厦工程咨询有限公司综合表现符合医院预期，同时也得到了商丘市建设主管部门的高度评价，是一家值得信赖的企业！

商丘市第一人民医院
基建与维修办公室
2024年9月5日

监理团队的综合表现超出了建设单位的预期，得到了所有参建单位的一致认可。

# 精准施策强预控 数字赋能促交付

## ——湖北广播电视传媒基地项目

## 一、项目概况

湖北广播电视传媒基地项目位
于武汉市东湖高新区，总占地面积
150836.15m²，总建筑面积405376m²，
由40层主楼、11层裙房和2层地下室组
成，主楼高度为204.95m，工程总投资
346294万元人民币。2023年本项目荣
获第十五届第二批中国钢结构金奖。

## 二、监理单位及其对监理项目的支持

中韬华胜工程科技有限公司源于华中科技大学，是一家国有综合型建设工程咨询高
新技术企业，具有工程监理综合资质。长期以来，公司致力于数字化赋能助力全过程工
程咨询及全产业链服务，引领监理项目各项目标的全面达成。公司根据项目监理工作需
要分专业配备了30余人。为保障监理工作高效优质进行，公司在项目监理机构投入BIM
技术、3D扫描、放线机器人和无人机等数智化工具和手段，应用在具体的监理工作中。
公司各部门依据《企业标准》定期到项目开展工作督导、技术支持并确保各类资源有效
投入。

## 三、监理工作主要成效

本项目总监理工程师周玉锋具有正高级工程师职称，在总监理工程师岗位工作24
年，期间参与国家和地方规范标准起草和课题研究，主编出版了《医疗建设项目全过程
咨询服务指南》，所承担的监理项目有7个分获"鲁班奖"和"国家优质工程奖"。

依据广电传媒项目特点及建设单位的需求，项目监理机构围绕"三控两管一协调"
及安全生产管理职责，精准策划，以预控为抓手，以数智化赋能为切入点，全面引领、
推进项目目标的达成。监理团队审查、审批、优化各类方案186份，下达监理通知单315
份，质量问题清单576次，安全问题清单685次，排查整改问题23532余条，保证了各分部

分项工程均一次性验收合格。此外，监理团队对危大工程实施严格管理，未发生一起伤亡事故，全面实现合同约定的各项既定目标。通过监理数智化应用及总结，公司取得了4项国家专利，项目监理机构成员发表论文11篇。本项目荣获多项省市级荣誉，目前正在申报国家级奖项。

## 四、建设单位简况

湖北省广播电视台是一家集广播、电视、电影、电视剧、新媒体、有线网络、报刊等多元化资源于一体的综合性传媒机构。该机构现有8套电视频道、7套广播频率，还设有13家直属事业单位，以及17个市州融媒体记者站（工作站）和25家全资、控股、参股公司，总资产高达270亿元人民币。

## 五、专家回访录

2024年9月11日，湖北省回访专家组就项目的监理服务对建设单位进行了回访。

建设单位对监理单位在监理过程中的表现给予了高度评价。本项目体量大，特别是演播大厅机电安装复杂，施工难度及管理难度大。监理人员能及时发现并解决施工中的问题，保障了工程的质量和进度。

为保证工程能按期完成，项目监理机构根据现场的材料运输情况，合理安排监理人员及时开展进场验收。通过监理团队的优质服务，在本工程的建设中取得了两大管理成果，第一是安全生产管理成果：该项目桩基施工、防水工程、大体积混凝土、超高层混凝土泵送、弧形玻璃幕墙、超高层建筑物测量放线、钢结构施工、机电安装工程、广播电视工艺区域施

**湖北广播电视台**

关于湖北省广播电视传媒基地项目一期
监理单位工作的评价函

湖北省广播电视传媒基地项目一期，项目于2019年11月1日开工建设，在贵司的高度重视及大力支持下，项目监理团队秉承"尽精微至广大"的企业理念，克服工程三年疫情、四个春节，安全高效地完成了项目的整体目标。

从项目开工直至竣工，总经理作为项目总监常驻现场，配备了素质过硬、专业能力强的项目监理团队，并投入BIM技术、3D扫描、放线机器人等数智化手段，为项目顺利完工奠定了基础。

项目进展过程中，贵司项目监理团队在工作作风上严格执行廉洁自律，在工作上谨慎、细致、认真，坚持协调各参建方，提出了很多合理化建议并得到了采纳，让项目施工进度、安全、质量得到了实现和保障。

我台对贵司及项目监理团队的工作非常满意，希望在今后的工作中能精诚合作，共铸辉煌！

2024年9月26日

工以及较多的危大工程是施工过程中的重点和难点，经过项目监理机构的严格管理，未发生一起伤亡事故。第二是进度管理成果：该项目2019年11月动工不久即遭遇疫情高发期，项目监理机构和各参建单位齐心协力，克服困难，在不到四年的时间里，完成了项目整体竣工验收。

# 科学施策 提供优质监理服务
## ——荆州市张沟小学改扩建二期项目

## 一、项目概况

张沟小学改扩建二期项目（后改为红门路学校）位于荆州市沙市区红门北路与体育东路交汇处，占地面积30559m²，总建筑面积10809.88m²，包含4栋教学楼，1栋室内风雨操场，1栋行政楼，标准田径场、篮球场、羽毛球场。工程总投资额3858.68万元人民币。项目荣获2023～2024年度第一批湖北省建筑工程安全文明施工现场。

## 二、监理单位及其对监理项目的支持

湖北省轩合工程建设咨询有限公司是一家屡获"重信誉、守信用"荣誉的综合性企业。公司拥有房屋建筑工程和市政公用工程监理双甲级资质，深耕项目管理领域逾10年，赢得了众多建设单位的高度认可与赞誉。监理单位对本项目实施过程进行了深入的分析与规划，明确了各阶段的监理目标，派遣了具备专业技能的监理工程师，确保了既定目标的逐一实现。监理单位的领导亦定期深入项目现场进行调查研究，聆听建设单位的意见反馈，为工程建设保驾护航。

## 三、监理工作主要成效

本项目总监理工程师李洪在总监岗位已工作超过20年，所监理项目先后荣获省级及市级优质结构奖和安全文明施工奖，个人也多次被评为省级及市级优秀总监理工程师。在其领导下，项目监理机构在建设期间始终坚守安全生产管理的法定职责，紧密围绕"三控两管一协调"的原则履行监理工作。从工程的五大要素"人员、机械、材料、方法、环境"入手，实施了一系列精细化管理措施，全面实现了施工过程的规范化和科学化，不仅确保了施工过程的安全与质量，还有效控制了工程进度，保障了9月1日准时开学。监理人员表现出的技术水平和职业素养得到了建设单位的高度认可。项目荣获

2023年"湖北省安全文明施工现场"的称号。

## 四、建设单位简况

沙市红门路学校是由原张沟小学和沙市十六中合并改扩建而成的一所全新的、智能化学校。学校先后被评为全国书法课题实验校、全国规范化家长学校建设实践校、全省首批示范性教联体，并以其科技感十足的智慧体育和智慧校园引领着学校的发展的新趋势，成为名副其实的热门学校之一。

## 五、专家回访录

2024年9月12日，湖北省回访专家组对本项目的建设单位进行了访谈。

建设单位对监理单位在监理过程中的表现给予了高度评价。学校负责人以"三过硬、三成就"来赞誉项目监理机构的工作：三过硬指的是技术水平、协调能力以及职业素养，三成就指的是在监理单位强有力的指导、沟通和带领下取得的三个显著成就：首先，鉴于工地与教学区域仅一墙之隔，塔式起重机的运转直接威胁到师生的安全，监理单位提出了限时、限位工作建议，有效解决了施工与教学之间的矛盾。其次，施工期间正值疫情高发期，人员和材料的进场遭遇重重困难，工期紧迫且任务繁重，而9月1日开学是不可动摇的目标，监理人员与施工单位

荆州市沙市区红门路学校

评价函

张沟小学改扩建项目二期(后改名为沙市区红门路学校)工程由湖北省轩合工程建设咨询有限公司承接监理工作。2022年9月28日开工，2023年8月31日竣工。在此工程建设中，监理单位认真履职，严格遵守行业规范，能为建设单位做好管理参谋、安全监管、质量督导、沟通纽带。

1. 轩合监理公司在此项工程中，按隐蔽时段、结构时段、装饰时段派出相应业务技术水平过硬的监理工作人员，发挥各自长处，密切配合、努力创造工程的完美结果。

2. 做足功课，不断优化工程设计、施工，以学生使用为标准，努力达到校方的高标准学校的要求。召开监理例会40多次，及时有效解决各种问题，为工程建设的相关工作提供技术支持。

3. 积极协调各参建单位之间的关系，确保工程建设的顺利进行。面对工期紧、任务重、地质条件复杂、疫情高发期等诸多困难，监理公司领导多次到现场指导工作，统一思想、迎难而上，合理调配资源，强化安全质量管理，如期完成了各项施工任务，确保学校9月1日如期开学。

综上三点，荆州市沙市区红门路学校对湖北省轩合工程建设咨询有限公司的评价为优秀。并祝愿轩合公司发展蒸蒸日上，再创辉煌！

荆州市沙市区红门路学校
2024年9月12日

共同研究工序合理搭接，提出了错峰施工方案，并严格执行过程监督，确保了学校按时开学。第三，监理单位倡导在施工过程中实施"如我是学生家长"模拟式亲情场景的心态进行施工，从安全细节和使用细节入手，对部分使用功能进行前置考虑，既节约了资金，也极大地提升了学生和教师后期使用的便利性。

建设单位和教育局均认可监理单位发挥了至关重要的作用。为了表达对监理单位的肯定和感激之情，建设单位专门向监理单位致以感谢信，并赠送了一面锦旗。

# 精益求精，严格监理　助推工程项目获国优
## ——湖北 300 万吨／年低品位胶磷矿选矿及深加工项目

## 一、项目概况

宜都兴发化工有限公司300万吨/年低品位胶磷矿选矿及深加工项目位于湖北宜都兴发生态化工园区，主要建设100万吨选矿、120万吨硫酸、38万吨湿法磷酸、40万吨粉状一铵技改等装置，总投资超12亿元人民币。该项目于2018年8月开工建设，于2020年9月建成投产。

## 二、监理单位及其对监理项目的支持

长沙华星建设监理有限公司隶属于国务院国有资产监督管理委员会直属的中央企业中国中化控股有限责任公司，拥有化工、矿山、房建、市政等领域的监理甲级资质，以及电力、冶炼等领域的监理乙级资质。本项目作为监理公司的核心项目，依据其专业技术特性，组建了一支纪律严明、专业配备齐全、团队协作高效的监理团队，其中包括6名注册监理工程师。

## 三、监理主要工作成效

项目实施过程中，监理团队能够积极协调配合解决施工难点，以优质的监理服务有效把控工程质量、进度和投资，严格管理安全生产，为项目一次开车成功打下良好的基础。一是制定项目质量、安全、进度考核实施细则报建设单位审批后严格执行，确保质量、进度始终处于可控受控状态，安全生产管理始终处于平稳状态；二是每月不定期核查项目主要管理人员到岗履职情况并严格考核；三是每周组织一次项目质量、安全和进度大检查并进行考核、通报；四是强化过程资料管理，确保过程资料和施工进度同步、完整和规范；五是创建精品工程，其中磷酸装置先后荣获化学工业优质工程奖和国家优质工程奖。

## 四、建设单位简况

宜都兴发化工有限公司主营食品磷酸、磷酸一铵、磷酸二铵、过磷酸钙等产品的研发、生产和销售。目前已累计完成投资约79亿元人民币，主要建成300万吨/年选矿、200万吨/年硫酸、68万吨/年磷酸、15万吨/年湿法磷酸精制、100万吨/年磷铵、30万吨/年普钙、40万吨/年合成氨、90万吨/年水洗磷石膏等生产装置。

## 五、专家回访录

湖北省回访专家组于2024年9月13日，对本项目的建设单位进行了回访。

在回访中，建设单位对项目监理机构给予了高度的评价。强调了监理团队专业水平高、工作能力和责任心强，且长期从事化工行业监理，积累了丰富的经验，视其为一家极具规范性的企业。

建设单位特别提到项目总监理工程师唐良炎，在磷化工和氟化工等完整上下游产业链项目监理领域拥有丰富的经验。其责任心、工作能力、专业水平及现场管控能力、协调能力都非常强，能及时发现项目实施过程中存在的问题并提出有效的解决办法，建设单位非常满意。

在项目实施过程中，监理团队以工作质量保证工程质量。从开工伊始做好质

量、进度控制、安全生产管理和过程资料管理等方面的交底工作，强调优质工程从整洁的地面做起；严格设备、材料和构配件进场验收；严格工序质量控制、关键工序和隐蔽工程验收并留下影像资料；每周组织各参建单位和建设单位对工程质量、安全和进度联合检查，相互学习、借鉴。对检查结果进行评比，对存在质量、安全隐患和进度节点滞后的单位进行考核通报。月底对各方面表现突出的单位进行表扬奖励。通过每周、每月的检查评比，有效地提高了各参建单位的管理水平和工程质量，为项目各装置一次性投料试车打下了坚实基础。

# 高效廉洁　使命必达　为项目交付保驾护航

## ——长沙金色溪泉湾三期一批项目

## 一、项目概况

金色溪泉湾三期一批项目包括7栋住宅、两层地下室及1栋幼儿园，项目位于长沙市开福区，毗邻湖南广电和世界之窗，总建筑面积148705m²，总投资51216万元人民币。项目由湖南建工集团有限公司承建，于2021年8月开工，2023年7月竣工。

## 二、监理单位及其对监理项目的支持

湖南省工程建设监理有限公司是湖南省首批成立且具备甲级资质的监理企业，拥有雄厚的技术实力。该公司在全过程工程咨询、监理、造价咨询、招标采购、代建等多个领域均取得了全面发展，并秉持守法经营的原则，对监理项目规范管理，在行业内享有较高的声誉。公司拥有一支经验丰富的专家团队，运用信息化手段强化过程评估，为项目的顺利推进提供全方位的技术与管理支持。

## 三、监理工作主要成效

本项目总监理工程师张立星拥有逾10年的监理工作经验，展现出卓越的职业道德素养。在其领导下，项目监理机构采取了严格的监理措施，对施工过程中所采用的材料、执行的工艺以及成品的保护进行了周密的监控，确保了项目建设严格遵循设计、规范及相应标准。在此过程中，共签发了152份质量监理通知单，显著提升了质量控制的成效。同时，通过审查施工进度，并持续进行管控，确保了项目的顺畅进行，有效地保障了工期目标的实现。项目监理机构还强化了施工现场的安全生产管理，严格要求各方遵守安全生产规章制度，并定期开展安全检查，以确保生产过程的安全性。在施工过程中，共签发了64份与安全生产相关的监理通知单，通过这些有效的管理措施，确保了生产安全。在投资控制方面，项目监理机构对工程造价进行了全程跟踪审核，通过细致的审查和合理的成本控制，有效地控制了项目投资。

## 四、建设单位简况

湖南信远智邦置业有限公司地处长沙市开福区，是湖南高速集团全资拥有的房地产开发企业。该公司积累了超过10年的房地产开发经验，具备强大的资金实力。其业务范围广泛，包括房地产开发与经营、城市及园区建设、基础设施建设，以及在文化、旅游、酒店投资和物业管理等领域的投资。

## 五、专家回访录

2024年9月18日，湖南省回访专家组对本项目的建设单位进行了实地回访。

建设单位在监理服务中采用了公开招标方式，并严格遵循合理评标价定标的原则。在筛选监理团队时，建设单位对面试环节给予了高度重视，以确保选定最适宜的监理单位。监理单位亦对此予以充分关注，严格按照中标承诺配置人员，并在实际工作中未进行任何人员变动。此外，监理单位还超越了合同约定的人员配置标准，额外提供了更多专业人员，以保障项目顺利推进。

在项目执行期间，建设单位认为项目监理机构展现了强烈的责任感和出色的协调能力，在每周的安全检查、监理例会以

及各类专题会议的组织工作中，均表现出高效且有力的管理能力。监理工作的两大亮点如下：首先，工作效率显著，对监理通知单的落实与回复工作给予高度重视，确保了闭环管理的实现；其次，在廉洁自律方面表现出色，监理人员能够坚定地遵循原则，严格遵守廉洁纪律。

建设单位强调监理团队与建设单位保持了良好的沟通与协调，获得了建设单位的充分授权与全力支持，从而使得监理工作得以更有效地进行。社会上对于监理能否有效发挥作用存在一定的认知偏差。然而，从本项目的监理实践来看，工程监理在项目建设过程中发挥了至关重要的作用。

# "亮剑式"严格履约　创监理服务"丰碑"

## ——长沙爱尔总部大厦 1 栋、2 栋项目

### 一、工程概况

爱尔总部大厦1栋、2栋项目由爱尔眼科集团投资建设，位于长沙市天心区芙蓉南路，总投资12亿元人民币，包含两栋20+层塔楼和裙楼，建筑面积138148.9m²，地下室建筑面积53388.49m²。项目监理单位为友谊国际工程咨询股份有限公司。

### 二、监理单位及其对监理项目的支持

友谊国际工程咨询股份有限公司是一家在国内具有显著规模和完备资质的现代化综合咨询服务企业，拥有在工程建设领域提供全面综合服务的能力，并连续两届荣获湖南省省长质量奖提名。

公司为本项目精心挑选了专业监理人员，组建了项目监理机构，由工程技术管理部负责全面的统筹管理和日常巡检指导工作。同时，公司发挥全过程工程咨询服务的优势，在提供监理服务的同时，还额外提供造价、运维咨询等前瞻性服务及合理化建议，为项目的质量、进度及安全提供了全面的保障。

### 三、监理工作主要成效

本项目总监理工程师谭鑫具有高级工程师职称，兼任湖南省综合评标专家库的评标专家以及湖南省建筑业协会的质量安全专家。在其职业生涯中，他负责管理的项目屡次荣获国家级、省级及市级的多项荣誉。

项目监理机构始终恪守合同条款及行业规范，全面实施"一岗双责"制度，严格控制工序审核流程，并严格执行"三检"制度；积极引入智能检测、可视化技术以及无人机等前沿科技手段，以促进工作进展；定期向建设单位汇报工作进展并进行交流，确保工作的"有理有据"；实现监督与帮助相结合，有效确保了工程的质量、安全和进度。为项目荣获湖南省优质工程奖、湖南省建设工程"芙蓉奖"等多项荣誉提供了坚实的支持。

## 四、建设单位简况

湖南佳兴投资置业有限公司是爱尔眼科集团的全资子公司。2002年创立的爱尔眼科集团是全球化眼科医疗集团，致力于引进和吸收国际先进的眼科技术与医疗管理理念，以专业化、规模化、科学化的模式助推中国眼科行业发展。

## 五、专家回访录

2024年9月16日，湖南省回访专家组对建设单位就监理单位的履约情况进行了回访。

建设单位对监理单位及其项目监理机构的工作给予了高度评价。监理团队秉持"诚信、专业、守法、勤奋"的核心价值观，在监理、造价、项目管理等全方位工程咨询服务领域表现出卓越的能力和丰富的经验，对项目的重视度极高，提供的服务方案和团队配置均具有很强的针对性。

在监理服务过程中，监理团队严格履行职责，坚守原则底线，敢于"亮剑"，为项目提供了具有前瞻性、系统性和科学性的高质量服务。在项目质量、进度、投资控制、安全生产管理、沟通协调以及信息化等多个方面，监理团队积极发挥其作用，同时提供了包括专家驻点、视频监控、二维码技术、智能检测在内的多项增值服务。

监理人员擅长发现问题并提出解决方案，确保了项目从前期规划到中期执行再到后期完善的每一个环节都得到了充分的技术支持和专业指导，真正实现了"做一个项目，树一座丰碑"的目标，完全满足建设单位的期望和要求。

# 监理严谨尽责 项目优质安全
## ——广州中铁诺德荔城项目

## 一、项目概况

中铁诺德荔城项目包括8栋住宅楼、居民健身房、垃圾站及配套室外给水排水工程、绿化工程、综合管线工程、道路广场工程等。总建筑面积160716.8m²，建筑物最高点104.50m。项目采用铝模+爬架+全现浇外墙体系。

## 二、监理单位及其对监理项目的支持

广东华工工程建设监理有限公司由华南理工大学组建，隶属于世界500强企业广州建筑集团。公司业务涵盖工程监理、招标代理、项目管理、项目代建、政府采购、招标代理以及工程造价咨询等领域。依托华南理工大学的专家顾问团队，公司充分发挥在管理与技术方面的优势，为项目监理机构提供指导，针对工程中的关键点和难点问题，制定切实可行的监理策略。同时，公司定期举办技术知识与管理能力的培训，提升监理人员的专业素质和综合能力。

## 三、监理工作主要成效

项目总监理工程师张何有近30年的施工现场管理经验，对各类工程建设规范标准了如指掌，能将理论知识灵活运用于解决实践中的复杂问题。在他的领导下，项目监理机构实施了严格的质量控制措施，确保工程达到既定质量标准；采取了有效的进度预控及纠偏策略，确保项目能够按时完成；同时强化了安全生产管理，有效预防了事故的发生。这些措施的实施显著提升了工程质量和施工安全，确保了项目的顺利进行。

项目监理机构深度整合技术资源与管理智慧，提供了精准而高效的监理服务。不仅确保了工程的卓越品质，还通过信息系统的风险管理策略，极大地规避了施工期间可能出现的重大隐患，展现了其在行业中的专业水准与责任担当。

## 四、建设单位简况

广州中铁诺德置业有限公司的业务范围涵盖房地产开发经营、房屋租赁、场地租赁、房屋拆迁服务以及物业管理等多个领域。公司以中铁集团的雄厚实力为后盾，恪守"一诺千金、德行天下"的企业宗旨，顺应政府的政策导向，积极投身于粤港澳大湾区的城市建设与经济发展之中，致力于为区域的建设贡献力量。

## 五、专家回访录

2024年9月20日，广东省回访专家组对本项目的建设单位进行了监理服务情况的回访。

建设单位认为，监理团队始终保持着高度的专业性和责任心，严格把控施工质量和进度，有效预防了潜在问题的发生。同时，监理团队还积极与建设单位和施工单位沟通协调，确保了工程的顺利进行。

在谈及监理服务的具体表现时，建设单位表示，项目监理机构在施工现场的巡视检查、质量验收等环节都做得非常到位，能够及时发现并纠正施工中的不规范行为，确保工程质量符合设计要求。此外，监理人员还注重与建设单位的沟通交流，及时反馈项目进展情况，为建设单位提供了有力的决策支持。

广州中铁诺德置业有限公司
China Railway Guangzhou Noble Real Estate Co.,Ltd
地址：广州市增城区荔城街荔城三路西一巷2号，邮编：511399

**关于监理服务履约情况的评价**

广东华工工程建设监理有限公司：

随着"中铁诺德荔城项目"的圆满结束，我司作为建设单位，谨代表项目业主方，对贵单位在本项目监理服务期间的履约情况进行正式评价。

贵司的监理团队成员不仅精通工程监理的法律法规、标准规范，还具备丰富的实践经验和深厚的理论功底，能够准确判断工程质量、进度、安全等方面的问题，并提出科学合理的解决方案。在项目实施过程中，监理团队提出"深基坑支护结构咬合桩施工前应先行施工咬合桩导墙（导槽）"的建议，有力保障了基础工程节点工期的按期实施。

监理团队在项目实施过程中，能积极响应建设单位的需求，认真履行监理职责，始终坚持以质量为核心，注重细节管理，积极协调各方资源，确保项目按计划顺利推进，对此我们表示衷心的感谢和认可。

再次感谢贵单位在"中铁诺德荔城项目"中的辛勤付出和卓越贡献！

此致

敬礼！

广州中铁诺德置业有限公司
2024年9月22日

在谈及未来合作时，建设单位表示目前有两个项目已经在合作，并愿意继续与监理单位合作，并希望监理单位能够继续提供优质的监理服务，为项目的成功实施贡献更多的力量。

# 监理服务获赞誉　专业素养显担当

## ——韶关市新丰县遥田中学宿舍楼项目

## 一、项目概况

项目占地面积2650m²，建筑面积6494m²。建设内容包括：将原有学生冲凉房拆除并新建两栋宿舍楼；改造原有两栋旧宿舍楼；校园品质提升工程，建设内容有公共厕所建设、校园绿化建设、篮球场改造、活动舞台改造等。

## 二、监理单位及其对监理项目的支持

广东省城规建设监理有限公司隶属于广州白云产业投资集团有限公司，其前身是由广东省住房和城乡建设厅直属单位——广东省城乡规划设计研究院创立的。公司选派具有较强专业技术能力，拥有丰富经验的监理人员组成项目监理机构。在项目实施过程中，公司向项目监理机构提供全面的技术咨询、方案优化以及质量控制等专业支持，确保项目监理机构的工作能够顺利推进。

## 三、监理工作主要成效

项目总监理工程师曾文武具有良好的协调与控制能力，善于进行组织协调与沟通，能够带领监理团队高效地完成工作任务。在他的带领下，项目监理机构通过严格的质量控制措施，确保工程质量符合设计要求，减少质量问题和质量事故的发生；通过投资控制措施，确保工程造价在预算范围内，提高工程项目的经济效益和社会效益；通过有效的进度控制措施，减少因进度延误而带来的经济损失和工期延误风险。在项目监理机构精心管理和技术支撑下，全面实现了本项目质量、投资和进度控制目标。监理团队创新监理服务模式，整个项目周期内维持了高效的沟通和协作，实现了"零"质量事故，"零"安全事故，达到了项目预期的建设目标。

## 四、建设单位简况

新丰县政府投资建设项目代建管理局位于新丰丰城街道办金园路人力资源市场大楼7楼西侧。受县政府委托行使建设单位职能，涉及政府投资建设非经营性工程项目的组织实施和管理，其职责涵盖了项目的前期准备、建设实施、资金拨付、竣工验收等多个环节。

## 五、专家回访录

2024年9月26日下午，广东省回访专家组对本项目的建设单位进行了回访，深入了解建设单位对监理公司在本项目监理工作中的表现。

在回访过程中，建设单位首先对监理单位的服务表示了高度的赞赏。他们认为，监理团队在项目实施过程中展现出了极高的专业素养和强烈的责任心。对施工过程进行严格监督和管理。特别是在面对复杂问题时，监理团队能够迅速响应，提出切实可行的解决方案，为项目的顺利进行提供了有力的保障。

此外，建设单位还对监理团队的沟通协调能力表示了肯定。他们认为，在与施工单位和其他相关方沟通时，监理人员能够保持诚信、客观的态度，及时协调各方利益，使得各方能够更好地理解项目的需求和目标，确保项目的顺利进行。总的来说，建设单位对监理单位的服务表示了高度的满意，并期待在未来能够继续与监理单位合作，共同推动后续项目的成功实施。

# 精细监理成效显著　联合研发领先国际

## ——广州市轨道交通 7 号线二期及同步实施项目

## 一、项目概况

广州市轨道交通七号线二期工程自大学城南站北延至燕山站。线路长约21.9km，均为地下线敷设方式。线路主要位于广州市番禺区、黄埔区，线路呈南北走向，沿线规划有国际创新城、黄埔临港经济区、奥体新城、广州科学城等重点发展地区。

## 二、监理单位及其对监理项目的支持

广州地铁工程咨询有限公司（原名广州轨道交通建设监理有限公司），作为广州地铁集团有限公司的全资子公司，是一家全面覆盖轨道交通专业的监理与咨询国有企业。针对本项目公司特别成立了以党委书记牵头的课题组，汇集了一批经验丰富的科研人员进行科技创新，确保项目顺利有序进行；同时，公司还安排了资深专家亲临现场指挥，以保障实施过程中的平稳、有序和安全，规避风险。

## 三、监理工作主要成效

项目监理机构实施了网格化管理模式，精确掌握项目进展状况，及时识别并解决潜在问题，有效提升了工作效率。针对地铁建设的特定需求，通过加强视频监控来增强安全巡检的力度；同时，与建设单位紧密合作，共同研发掘进机技术等关键课题，为地铁建设的质量控制和安全生产管理提供了专业建议。

在总监理工程师梁红兵的领导下，项目监理机构成立了一支由经验丰富人员组成的监理团队，加强了现场监理的控制力度。对于工程中的关键点和难点问题，团队成员积极提出建议和策略，并提前进行相关事务的协调工作，确保了各项监理任务的顺利完成。

## 四、建设单位简况

广州地铁建设管理有限公司成立于2021年12月13日，业务范围涵盖企业管理咨询、软件开发、信息系统集成服务、对外承包工程、工程管理服务、工程技术服务、土地调查评估服务、土地整治服务以及轨道交通运营管理系统开发等多个领域。

## 五、专家回访录

广东省回访专家组对本项目的建设单位进行了深入访谈。

建设单位对监理服务表达了充分的肯定，尤其对项目监理机构引入的网格化管理模式给予了高度赞赏。他们认为，网格化管理不仅提升了项目管理的精细化程度，还显著增强了工作效率和团队协作能力。具体而言，项目监理机构所采用的网格化管理方法，将项目细分为多个责任区域，每个区域均设有明确的监理负责人及团队成员。此种管理策略能够更精确地掌握项目的进展状况，及时发现并处理存在的问题。同时，网格化管理也促进了监理团队间的沟通与协作，从而提升了整体工作效率。

除此之外，监理单位针对地铁项目的特点，与建设单位共同开展了"三模式掘进机"课题研究，研究成果已通过由钱七虎、陈湘生等院士组成的专家委员会鉴定，被认定为"国际领先"。

**广州地铁建设管理有限公司**

**关于监理服务履约情况的评价函**

广州地铁工程咨询有限公司自中标广州市轨道交通七号线二期及同步实施工程监理 3 标项目后，迅速建立起一支负责、专业技术能力过硬的监理队伍，有力推动各项建设目标的顺利实施。

在本工程监理过程中，贵司项目监理部认真履行职责，尤其以下几点比较突出：一是项目实施过程中，以两个驻地监理部为主导，形成网格化管理，做到网中有监理，监理有职责；结合网格化施工内容，对工程质量、进度、投资、安全进行控制管理，对施工总体策划、资源配置进行协调与优化。二是针对【萝岗站～水西站区间】隧道洞身范围内复杂地质条件及下穿地表多处重要的建（构）筑物，我单位拟采用"三模式（土压+泥水+TBM）掘进机"，贵司及时参与课题组，配合组织参建单位进行研究，该课题成果经过钱七虎院士、陈湘生院士等组成的专家委员会鉴定为"国际领先"，2023 年分别获得广东省土木建筑学会科技进步一等奖和国际隧协的 2023 年度创新产品等荣誉。三是针对监理 3 标所辖车站、隧道区间的地层中存在的大量球状风化体、硬岩等不良地质，贵司项目监理部能够及时提出处理建议，过程严控处理，确保了车站、隧道区间按期完工。

感谢贵司委派项目监理部的全体成员为工程项目所付出的努力和贡献，我们期待未来能继续与贵司合作，为广州地铁的发展贡献更大力量。

广州地铁建设管理有限公司

2024 年 9 月 23 日

# 优质监理技术过硬  溶洞处理精准无忧

## ——广州白云金控大厦项目

## 一、项目概况

    项目为1栋地上18层、地下3层的综合楼，其结构形式为框架-核心筒结构，总建筑面积约6.4万$m^2$。其中5～18层办公塔楼，1～4层商业裙楼，并配套建设室外给水排水工程、绿化工程、综合管线工程、道路广场工程等。

## 二、监理单位及其对监理项目的支持

    中达安股份有限公司成立于1998年10月18日，于2017年3月在深圳证券交易所创业板成功挂牌上市，成为以工程监理为主营业务的上市公司。公司致力于提供以工程监理为核心的建设工程项目管理咨询与技术服务，并取得了多项权威资质认证。为确保项目的顺利进行，公司定期举办各类培训活动，为项目监理机构配备了先进的检测与办公设备。这些措施不仅保障了监理工作的顺利进行，也为项目的成功实施提供了坚实的基础，确保了项目质量、进度和安全等核心目标的实现。

## 三、监理主要工作成效

    项目总监理工程师为从玉杰高级工程师具有注册监理工程师、注册一级建造师、注册一级造价工程师以及咨询工程师等多项执业资格。在他的引领下，团队成员尽责履职，充分发挥各自的专业技能，构建了一个高效协同的团队。

为持续提升沟通效率与质量，项目监理机构采用了isPM智慧工地系统，优化了信息传递流程，使之更为迅速与便捷，促进了项目各参建方之间的信息共享，项目决策因此获得了更为精确与全面的数据支撑。此举不仅显著增强了各参与方的工作协同性，还确保了项目管理的高效运作。得益于isPM智慧工地系统的引入以及监理团队的共同努力，项目在质量、安全及进度等方面均取得了显著成效，确保了建设项目的顺利验收并投入使用。

## 四、建设单位简况

广州市启鑫投资开发有限公司的业务范围涵盖项目投资、提供停车场服务、从事非住宅类房地产和住房租赁业务、经营物业管理业务以及从事房地产开发与经营活动。

## 五、专家回访录

广东省回访专家组于2024年9月14日对白云金控大厦项目的建设单位进行了回访。

建设单位对监理单位提供的服务给予了充分肯定。认为监理单位在项目管理、质量控制以及沟通协调等方面表现出色。他们尤其对监理团队在处理溶洞这一复杂且风险较高的工作中所展现的高专业素养和技术水平表示了高度赞赏。从项目的初期地质勘察、溶洞识别，到施工过程中的注浆加固、安全防护，监理团队均全程参与并严格管理，确保了项目的顺利推进和工程质量。对承担幕墙深化设计的施工单位提出的工程变更，监理团队经过认真复核，否决了施工单位不合理的费用增加要求，节省了工程投资。

在讨论具体细节时，建设单位指出监

理团队重视沟通交流，并通过公司研发的isPM智慧工地系统及时反馈项目进展情况，为建设单位提供了有力的决策支持。

# 信息化强化项目管理效能　监理协调确保工程顺畅推进

## ——广东中烟工业有限责任公司运营中心
## 生产经营辅助改造项目

## 一、项目概况

广东中烟工业有限责任公司运营中心生产经营辅助改造项目位于海珠区新港中赤岗路62号24幢。主要施工内容包括拆除工程、装修工程、机电安装工程（含给水排水工程、空调暖通工程、电气工程、电梯工程）、外立面及天面维修工程、供配电系统改造工程、消防工程、防雷工程等。

## 二、监理单位及其对监理项目的支持

广东工程建设监理有限公司拥有工程监理综合资质，提供涵盖项目前期论证、项目实施管理、工程顾问管理以及后期评估等环节的全方位工程管理服务。公司实施定期的现场考评与巡查，对项目监理机构进行技术指导；同时，不定期地组织专家开展新技术、新工艺、新规范及规程的讲座培训，确保监理人员能够及时更新相关专业知识，为项目的顺利推进和各项建设目标的实现提供坚实的基础。

## 三、监理主要工作成效

项目监理机构在施工前期对各分部分项工程进行了深入的工艺技术分析，并通过举办专题会议确保施工单位对施工质量标准及规范有充分的认识和理解，从而显著提升了工程质量控制的成效。同时，督促施工单位通过施工交底，确保每个施工班组都清晰掌握施工标准和质量要求，以便在实际施工过程中严格遵守规范，确保工程质量符合预期目标。此外，项目监理机构还实施了一系列措施以增强施工班组作业人员的安全防范意识。这些措施包括要求施工单位开展安全教育、组织观看安全教育视频、进行班前教育以及执行相应的处罚措施。通过这些举措，施工人员进一步掌握了安全操作规程和应急处理方法，从而提升自我保护的能力。

本项目的总监理工程师王腾达具备扎实的专业素质，能够为项目建设提供专业的指导与支持。他不断探索和尝试新的技术和方法，为工程项目管理提供更优质的解决方案和服务，从而提高工程项目的质量和效率。

## 四、建设单位简况

广东中烟工业有限责任公司成立于2003年5月28日，负责广东卷烟工业的生产经营和管理，资产总额超过100亿元人民币。公司以创造消费乐趣、承担社会责任、实现员工价值为使命；倡导创新进取，以人为本，诚信务实，和谐共好的企业精神。

## 五、专家回访录

在与建设单位的回访交流过程中，广东省回访专家组了解到，建设单位与监理单位共同开发的信息化平台——"囍建安"小程序的成功使用，因其卓越表现荣获广东省科学技术进步奖。

建设单位强调，信息化管理的实施显著提升了项目执行的效率，并大幅增强了项目的透明度与可控性。在项目改造过程中，该信息化平台对项目进度、质量、投资等关键指标实现了实时监控与管理。借助该平台，建设单位能够随时掌握项目的最新动态，获取实时数据和分析报告，从而更精确地了解项目的整体状况；同时，通过远程监控施工现场，能够及时发现并纠正施工质量问题，这不仅提升了项目质量，还有效减少了因质量问题引起的返工和延误。

**广东中烟工业有限责任公司**

关于工程项目监理服务的评价函

运营中心生产经营辅助改造项目由广东工程建设监理有限公司负责施工监理，派驻本项目的总监理工程师及各专业监理工程师，专业经验丰富、工作责任心强、组织协调能力强。在监理工作过程中有效解决了出现的安全、质量问题，积极为业主出谋划策，提出合理化建议。通过例会、班后会等方式协调解决各参建单位之间交叉施工、进度推进困难等问题，并能得到各方的认可和意见统一。

由于本项目投产时间限制，工期非常紧凑，施工过程中受天气影响，部分工作进度滞后，贵单位提出"先拆除外墙脚手架，采用高空作业车进行外墙施工"的优化方案，使施工进度顺利推进，达到工程预期建设目标，为本项目顺利竣工投产奠定了坚实的基础。

我们跟贵司合作的项目成果（囍建安）小程序，帮助我们实现了对项目进展的实时监控，有效识别并解决潜在安全问题。本项目通过运用信息化管理手段，不仅保障了项目安全，还提升了工作效率。项目合作成果（囍建安）小程序荣获省级科技进步奖，这是对我们合作成效的肯定，也是对项目团队努力的最好回报。

衷心感谢广东工程建设监理有限公司为本项目做出的努力和付出，祝愿贵司在今后的业务发展上能够取得越来越大的成功。

广东中烟工业有限责任公司
2024 年 9 月 20 日

此外，建设单位对项目监理团队的沟通协调能力表示高度认可，认为这种高效的沟通协调是项目顺利推进的重要保障。

# 监理团队专业护航　项目进展超预期
## ——广州新滘东路隧道工程（黄埔大道至新港东路）项目

## 一、项目概况

新滘东路隧道工程位于广州天河区和海珠区，全长约2070m，工程总投资14.93亿元人民币。项目采用的"全断面浇筑整体式沉管后浇带关键技术研究"，获得了广东省"科学技术一等奖"，项目同时荣获广东省市政行业协会颁布的"广东省市政工程安全文明施工示范工地"称号。

## 二、监理单位及其对监理项目的支持

广州市市政工程监理有限公司拥有工程监理综合资质。其主营业务涵盖工程咨询（投资）、工程监理、项目管理（代建）、政府委托的第三方巡查、建筑工程质量潜在缺陷风险管理（TIS）、招标及采购代理、造价咨询以及全过程工程咨询等领域。

为确保监理职能得以充分发挥，公司精心挑选经验丰富的监理人员，组建了专业门类齐全、年龄结构合理的项目监理机构，还为其配备了先进的现场检测和测量仪器设备，并通过专题讲座、现场观摩学习等多种方式，对监理团队进行系统的技术培训。

## 三、监理工作主要成效

项目总监理工程师陈建安具有超过30年的市政工程管理经验，具备优秀的沟通协调能力和团队管理能力。在他的带领下，项目监理机构的质量控制工作贯穿整个工程质量管理的每个环节。严格落实质量引路制度，推行样板工程、样板工序，促进工程质量管理标准化；提出建立智能钢筋加工场建议，经采纳后提高了钢筋构件的制作质量；参与混凝土配合比的试配工作并选定最优配比方案。此外，还提出建造全自动液压步履式模板系统的合理化建议，实现全断面浇筑；并建议引进装配式钢筋绑扎架、装配式养护棚等新施工理念，提升了预制管节混凝土的质量。在信息管理方面，借助了BIM、OA办公软件、无人机巡查等工具，通过PC、手机端进行协同，提升了监理工作效能。

## 四、建设单位简况

中交四航（广州）投资有限公司的业务范围广泛，涉及多个基础设施建设相关领域，包括项目投资；铁路、道路、隧道及桥梁工程的建设；电力输送设施的安装工程服务；市政公用工程的施工；市政设施的管理；公路的养护；绿化管理、养护和病虫害防治服务等。

## 五、专家回访录

2024年9月13日，广东省回访专家组对本项目的建设单位进行了访谈，目的在于评估项目监理单位的整体服务质量。

建设单位详细阐述了项目的基本情况及项目监理机构的工作开展情况。在交流过程中，建设单位特别强调了项目监理机构能够依据过往工程经验，预先组织各参建方进行技术交底，确保了提醒和督促工作的有效性，为项目的顺利推进奠定了坚实基础。在项目实施阶段，监理单位凭借其丰富的工程经验，提出了构建"全自动液压模板系统"的建议，并实施全断面浇筑，从而提高了工程质量的可控性。建设单位表示，项目的整体进展顺利，达到了预期目标。

**中交四航（广州）投资有限公司文件**

四航（广州）运维发〔2024〕10号

**感 谢 信**

广州市市政工程监理有限公司：

贵司作为"车陂路-新滘东路隧道工程（黄埔大道至新港东路）"项目的监理单位，自项目启动以来，始终秉持专业、严谨、高效的服务态度，积极参与并有效推动了项目的顺利实施。

在本项目监理过程中，项目监理团队提出"沉管在正式预制前有必要进行小尺寸模型浇筑试验"的建议；为有效控制项目的工程施工质量，消除重大质量事故和质量隐患，监理部在施工过程中推行"首件工程认可制"（简称"首件制"）。监理部的管理程序和各环节的管控措施，受到建设单位和建设主管部门的一致认可，质量控制达到预期目标。

我们非常感谢贵司车陂隧道监理部所有监理人员在本工程中所做的努力和付出。我单位对贵公司的履约情况表示非常满意，并期待在未来更多的项目中继续与贵公司合作。

中交四航（广州）投资有限公司
2024年9月29日

中交四航（广州）投资有限公司    2024年9月29日印发

在谈及对监理单位服务的满意度时，建设单位给予了极高的评价。他们认为监理团队专业且尽职尽责，在项目执行过程中能够积极进行沟通，并及时解决出现的问题，为项目的顺利进行提供了坚实的保障。

# 监理服务专业高效　实测实量精准把控
## ——惠州市博罗园洲碧桂园汇悦台项目9～16项目

## 一、项目概况

项目位于博罗县园洲镇深沥经济联合社、土瓜圩经济联合社地块；已完成施工范围内土建工程、室内外建筑装修工程、防雷工程、给水排水、电气、消防套管及消防报警系统线管预埋等施工图纸所包含的全部工程内容。

## 二、监理单位及其对监理项目的支持

广东国晟建设监理有限公司具有房屋建筑工程监理甲级资质，以及市政公用、机电安装、矿山、电力工程监理乙级资质。公司主要负责房屋建筑、市政公用及机电安装等项目的

监理工作，业务范围涵盖住宅、厂房、酒店、办公楼、学校等多个领域。公司致力于构建全过程项目管理的专业能力，并通过自主研发的信息化软件提升管理效率。针对项目需求与岗位特点，公司实施了分类管理及按需培训制度，辅以季度巡检与帮扶措施，以促进监理人员的能力提升，旨在确保每位员工能在适宜的岗位上发挥其专业技能，并获得持续的成长与提升。

## 三、监理工作主要成效

项目监理机构采用场地移交管控、样板引路验收等多种手段，强化质量的事前预防控制，显著提升了工程质量。通过测量、抽检、平行试验及见证取样等手段，对质量数据进行收集与整理，通过统计分析及时识别潜在的质量问题，进一步分析影响工程质量的因素，采取相应的策略与措施，确保工程质量得到妥善控制，从而促进了项目的顺利交付。监理团队运用先进的信息化管理系统，帮助监理人员迅速发现施工过程中存在的质量问题与安全生产隐患，并跟踪整改情况，确保质量问题得到解决、安全隐患被消除。此外，项目监理机构多次向建设单位提出建设性建议，协助解决了多项关键难题，

为项目的顺利交付打下了坚实的基础。

项目总监理工程师黄学文拥有超过10年的房地产行业工作经验，曾全程管理过多个房屋工程项目。他同时也是国晟公司的资深讲师，其管理的项目多次被评为优秀项目监理部。

## 四、建设单位简况

博罗县远景房地产开发有限公司隶属于碧桂园集团，成立于2019年7月16日，坐落在博罗县园洲镇世纪一路18号。该公司主要经营业务包括房地产开发与经营、土石方工程、房地产信息咨询、自有物业租赁、实业投资、投资信息咨询、室内装饰工程以及园林绿化工程。

## 五、专家回访录

广东省回访专家组在回访交流时获悉，建设单位对监理单位所提供的服务，尤其是实测实量环节，表达了高度的赞赏。在实测实量方面，监理单位运用了先进的测量技术和设备，对项目的关键尺寸进行了精确的测量。这些精确的测量数据为建设单位提供了可靠的质量依据，有助于他们更有效地控制项目的整体质量。

建设单位聘请的第三方巡检也表示项目监理机构对各个阶段的施工过程进行了全面且细致的检查。监理人员能及时发现并指出施工过程中的问题，要求施工单位整改。这不仅确保了项目的质量，还显著降低了后期整改所需的成本。本项目的监理单位在建设单位组织的第三方巡检中名列前茅。

建设单位特别强调，该项目作为他们的重点工程，对质量的要求极为严格。监理团队在质量控制方面表现出色，从材料选择到施工过程监督，均严格遵守了相关标准和规范，确保了项目的质量符合预期。

碧桂园
COUNTRY GARDEN
MEMORANDUM

博罗县远景房地产开发有限公司

页数（含本页）：共1页

### 建设单位评价函

惠州博罗汇悦台项目由广东国晟建设监理有限公司实施监理。项目能够顺利平稳开发建设，并取得较好的管理成效，离不开国晟团队恪尽职守、专业较真的监理服务。

国晟监理以他们过硬的专业能力，组织解决了项目厨卫机电点位与装修铺贴缝冲突、烟道渗水、铝模施工外墙实测数据不合格等难题。正是有着专业较真的管理态度，项目取得了较为优异的成果，在2023年度成为我集团交付的标杆。

国晟监理通过自研"帷幄app"、国晟工程咨询平台等手段，开展信息化管理，提供监理增值服务。通过信息化管理，把项目实施情况数据化，使管理更科学、更标准，实现工程项目管理的全面提升。

国晟监理能以客户为中心，以专业较真打造口碑，创造管理价值，赢得项目建设方信赖。我们衷心感谢贵公司在项目实施过程中展现出的专业素养、敬业精神以及高效的服务质量，为我司项目的顺利完成奠定了坚实基础。

博罗县远景房地产开发有限公司

2024 年 9 月 28 日

# 敬业、敢管、规范、专业，充分展现监理服务水平
## ——广西华银铝业有限公司 120 万吨氧化铝
## 管道化升级改造项目

## 一、项目概况

广西华银铝业有限公司120万吨氧化铝管道化升级改造项目总投资43762万元人民币，是目前铝行业隔膜泵流量最大、建设工期最短的项目，主要包括高压泵房及溶出前槽、溶出及稀释、溶出区域配电室、综合管网等内容。

## 二、监理单位及其对监理项目的支持

上海宝钢工程咨询有限公司具备工程监理综合资质。公司以顾客为关注焦点，为其提供全过程的"贴身服务"，忠实地履行"工程卫士"的职责。公司为项目监理机构配置了符合合同约定及工作需求的高素质监理人员，并定期开展培训活动；同时，提供项目监理所必需的各项物资与设备，以及与项目相关的技术文件、规范与标准；此外，公司还定期对项目监理机构的制度执行情况及监理工作状况进行检查，以确保监理工作的规范性与标准化。

## 三、监理工作主要成效

项目总监理工程师王琦从事监理行业20年，凭借其深厚的技术经验和卓越的组织协调能力，确保了项目的平稳推进。在其领导下，监理团队针对施工过程中可能面临的质量与安全风险，进行了全面分析，据此制定了预防措施，并坚持每日对施工现场进行质量和安全的巡视检查，发现问题立即要求施工单位进行整改，以确保施工质量始终处于受控状态、生产处于安全状态，未发生任何质量事故和安全事故。根据项目施工进度的实际情况，监理团队组织召开了针对性的专题会议，并在施工高峰期，安排了每日的现场进度协调会，迅速解决施工过程中遇到的各种问题。得益于上述一系列有效措施，

本项目顺利交付投产。该工程也因此被评为有色金属工业建设工程质量优质工程。

## 四、建设单位简况

广西华银铝业有限公司由广西投资集团有限公司、中国铝业股份有限公司及五矿铝业有限公司共同出资设立，是一家集矿山开采与氧化铝生产功能于一体的现代化大型铝工业企业。

## 五、专家回访录

2024年9月11日，广西壮族自治区回访专家组对本项目的建设单位进行了回访。

在此次回访中，建设单位对监理工作给予了高度的评价。建设单位认为，监理团队在本项目中发挥了至关重要的作用，确保了项目荣获部优工程奖。

项目启动后，宝钢咨询公司迅速组建了高素质的专业监理团队。在监理过程中，监理团队勇于担当，积极作为，对项目整体进行了全面的把控，确保了工程质量的稳步提升。同时，通过实施五天报警、十天预警的进度管控机制，有效保障了项目能够按期投产。此外，监理团队还通过组织每日班前班后现场会，及时反馈和协调沟通，确保了工程能够顺利进行。

尤为值得一提的是，监理团队凭借自身的专业知识和丰富经验，每周为建设单位

**广西华银铝业有限公司**
**项目管理部文件**

项目管理部函〔2024〕15号

**关于120万吨氧化铝管道化升级改造项目监理工作评价函**

上海宝钢工程咨询有限公司：

120万吨氧化铝管道化升级改造项目，由贵公司承接监理服务，在监理过程中严格监理、主动作为、大力担当，通过贵公司项目管理咨询事业部项目监理团队的管控，达到了在质量、安全、投资、工期等方面的目标，完全达到了我公司预期效果。

我公司非常欣赏该团队所特有的管理经验和文化。项目监理团队多次受到我司表彰和嘉奖；该项目被评为"有色金属工业建设工程质量优质工程"，监理团队为工程项目赢得了荣誉，同时也得到了我公司的信任，希望上海宝钢工程咨询有限公司通过项目管理咨询事业部这个团队做大、做强、做出品牌。

广西华银铝业有限公司
项目管理部
2024年9月11日

提供培训服务，这不仅促进了双方的深度融合，还进一步提升了监理服务的附加值。据此，后续二期工程仍委托宝钢咨询公司承担监理服务。

# 专业过硬 履职尽责 彰显监理人本质
## ——广西蚕业技术推广站危旧房改住房"锦绣丽园"项目

## 一、项目概况

广西蚕业技术推广站危旧房改住房"锦绣丽园"项目位于南宁市西乡塘区下均路10号。总建筑面积31万$m^2$，地下一层，地上由15栋30～34层塔楼组成。工程为框剪结构的高层住宅。

## 二、监理单位及其对监理项目的支持

广西大通建设监理咨询管理有限公司拥有房建、市政、机电安装工程监理甲级资质及电力、通讯监理乙级等资质，曾监理的代表性项目包括百色起义纪念馆、柳州地王大厦等工程。

公司依据监理合同，组建了一支经验丰富且专业配套完备的项目监理机构。在监理实施过程中，公司提供必要的技术指导及后勤保障服务，并定期对监理团队的履职情况进行检查与考核，以确保监理工作的顺利推进。

## 三、监理工作主要成效

项目总监理工程师秦小东从事监理工作已有24年，曾荣获广西壮族自治区和南宁市优秀总监荣誉称号。在本项目中，其展现了全面的技术能力、卓越的协调能力以及丰富的处理问题经验。在其带领下，项目监理机构恪守监理委托合同、国家法律法规、标准规范及设计文件等的规定，认真执行"三控两管一协调"及安全生产管理职责。通过检查、巡视、旁站、平行检验、验收等多种方式，对施工过程实施全面监控，确保工程质量达到相关规范标准，工程进度符合建设单位的预期及合同要求，工程投资控制在预算范围内，且在项目实施过程中未出现任何质量及安全生产事故。该工程荣获自治区优质工程奖"真武阁杯"、广西建设工程施工安全文明标准化工地称号以及南宁市优质工程奖"邕城杯"。

## 四、建设单位简况

广西壮族自治区蚕业技术推广站是广西壮族自治区农业农村厅下辖的事业单位，位于南宁市西乡塘区下均路10号，自1964年成立以来，始终秉持服务宗旨。其职能涵盖了蚕业科学研究、蚕桑良种繁育、蚕业技术推广及蚕种质量检验检疫等多项职能于一体的正处级公益一类事业单位。

## 五、专家回访录

2024年9月12日，广西壮族自治区回访专家组对本项目的建设单位进行了回访。

在回访过程中，建设单位对本项目监理机构的工作成效表达了高度的满意。监理团队自2015年5月10日进驻现场以来，采取了多种有效措施，对施工过程进行了全面且严格的监控，从而确保工程质量、进度、投资以及安全生产等各方面均达到了合同所约定的各项目标。面对各种工程难点，监理团队能够提出具有针对性的预防措施，有效地防止了常见问题的发生，并取得了显著的效果。

监理人员在履行职责的过程中，展现出了极高的职业道德水准，并在廉洁自律方

面表现尤为突出。尤其值得赞扬的是，在处理施工单位因工期延误而向建设单位提出的2800万元索赔事宜时，监理团队凭借真实、完整的监理资料，成功地帮助建设单位减少了1000万元的索赔金额，取得了极为显著的经济效果，赢得了建设单位的高度赞誉。

# 严字当头　创新监理多措并举

## ——海口蘭园项目

## 一、项目概况

海口蘭园项目坐落于海口市海甸岛环岛路东南侧，沿江五西路北侧，建筑面积34328.94m²，其中地上建筑面积23814.17m²，地下建筑面积10514.77m²。该项目包含五栋住宅建筑，结构形式采用框架剪力墙结构，装配率达到45%。总投资12000万元人民币。

## 二、监理单位及其对监理项目的支持

海南新世纪建设科技有限公司连续多年获得"全国先进工程监理企业"及"海南省先进工程监理企业"殊荣，其监理的多项工程荣获"鲁班奖""钢结构金奖""詹天佑奖""国家优质工程奖""绿岛杯"等奖项。公司针对项目监理机构积极推行安全红墙行动，每季度对项目监理机构的工作实施动态检查，并定期组织相关专业培训活动。通过这一系列举措，公司成功构建了全员精细管理的工作格局，促使监理人员的专业水平、组织协调能力、应急响应能力以及团队协作精神等综合素质得以持续提升。

## 三、监理工作主要成效

监理单位委派具备丰富经验的专业监理人员组建了项目监理机构，并任命陈进担任总监理工程师。针对本项目在质量控制和安全生产管理方面面临的挑战，项目监理机构经过精心策划，制定了切实可行的监理实施细则，并严格执行监理职责，始终将"质量控制与安全文明施工"作为项目监理工作的核心。监理团队着重于风险预防，严格进行过程管理，通过现场检查和巡视，及时发现工程质量问题和安全隐患，共发出质量问题通知单145份和安全隐患通知单93份，并对每一项都进行了跟踪整改，确保了工程质量的有序可控和安全生产的稳定可靠。项目监理机构遵循动态控制的工作原则，对项目的重点部位和关键环节实施了动态监控。同时，监理团队注重事前预防控制，对可能出现的质量问题进行预测，并实施跟踪管理，有效实现了工程项目施工的全面质量控制，确保了工程建设目标的全面实现。最终，项目监理机构按时、优质、高效地完成了监理任务。

## 四、建设单位简况

海口海腾房地产开发有限公司是一家专注于房地产开发经营、旅游项目开发以及房地产营销策划等领域的公司。在海南房地产行业，该公司享有良好的声誉，其建设的项目在业内及客户中均获得了高度评价。公司的经营范围主要包括房地产开发经营以及投资项目管理等相关业务。

## 五、专家回访录

海南省回访专家组对本项目的建设单位进行了访谈。

建设单位代表对监理人员的职业素养和专业能力给予了高度的赞誉。

建设单位代表指出，项目监理机构的成员勇于承担责任，积极主动地发挥其主观能动性，并致力于创新实践。在施工准备阶段，监理人员以严谨和细致的态度审核了施工图纸和施工方案等相关文件，并针对关键问题，及时与相关方进行了有效的沟通。在施工阶段，他们严格执行了相关的施工验收规范和标准，迅速应对并妥善处理了施工过程中出现的各类问题，有效地保障了工程的顺利进行。最终，该项目不仅完全满足设计要求，而且在整个施工过程中未出现任何质量及安全生产事故。监理人员还主动为建设单位提供了前瞻性的预判和合理化建议，切实地履行了监理职责，并充分展示了监理单位在技术和管理层面的综合能力。在进度控制上，监理团队根据进度计划密切跟踪实际施工进度，及时发现并纠正偏差，确保项目按既定时间节点顺利推进。

**海口海腾房地产开发有限公司文件**

海口海腾函[2024] 1 号

**关于海口蘭园项目的评价函**

海南新世纪建设科技有限公司根据海口蘭园项目建设特点以及我司要求委派经验丰富的专业监理人员组成项目监理机构，项目监理团队认真履行职责，把优质服务体现于监理工作之中。

项目监理团队在监理工作中认真执行相关施工验收规范标准，及时有效解决项目建设中存在的各项问题及安全隐患，主动与我司工程师沟通工作，参与工程建设有关技术工作，提供技术支持。项目监理团队充分体现新世纪公司技术与管理水平，在现场起到了核心作用，使得工程有序、规范推进。

项目监理团队在跟进项目进度同时严把质量安全关，杜绝安全生产事故发生，在管理中展现出了高度的专业性和责任感，切实履行了监理职责，充分展现了监理单位在技术与管理层面的综合能力，是本项目所有参建单位的标杆。

海口海腾房地产开发有限公司

二零二四年十一月九日

# 数字监理助推优质工程提前交付

## ——"重庆来福士"项目

## 一、项目概况

"重庆来福士"由新加坡凯德集团投资建设，总投资约240亿元人民币，建筑面积112万m²，是由2栋350m、6栋250m的超高层及300m长"水晶连廊"组成的大型城市综合体，于2015年5月1日开工，2019年8月30日竣工，被评为"成渝十大文旅新地标"。

## 二、监理单位及其对监理项目的支持

本项目由隶属于中国五矿集团的重庆赛迪工程咨询有限公司实施监理。公司持有工程咨询甲级资质等多项甲级资质，是业界数字化转型的先锋企业。在项目建设过程中，以工程监理大师陈洪兵为首的12位工程监理专家团队为项目提供了全面的技术支持。公司运用其"轻"系列数字化管理平台确保了项目的高效运作，并加强了现场巡检工作，以确保工程建设的质量。

## 三、监理工作主要成效

本项目总监理工程师陈华峰是一位资深的高级工程师，持有多个注册执业资格证书，具备丰富的大型工程项目监理经验。项目监理机构针对巨孔桩开挖、双导管浇筑以及空中连廊钢结构提升等关键复杂工序，提出了具有建设性的建议，被采纳后，确保了工程的质量和进度。通过运用"轻"系列数字化管理平台，实现了与所有参建单位的链接，使得项目建设的整个周期"看得清、管得住、控得好"。此外，在本项目多维度机电安装施工等多个环节应用BIM技术，强化巡视检查，严格把控质量和进度，从而提升了项目的质量控制和安全生产管理水平。监理团队还利用P6软件对项目的总体进度计划和资源分配进行了审核、预警和纠偏，有效解决了进度管理的难题和指令传达路径过长的问题，助力项目提前半年实现了开业目标。

## 四、建设单位简况

凯德集团是亚洲知名的大型多元化不动产集团，总部设在新加坡，业务聚焦不动产投资管理和开发建设，于1994年进入中国，契合新型城镇化的趋势，创新产品和服务，致力于实现社会、企业、个人的可持续发展。

## 五、专家回访录

2024年9月5日重庆市回访专家组对本项目的建设单位进行了访谈。

建设单位首先介绍本项目监理招标时的要求：由于本项目体量巨大、地质环境复杂、技术难度高，需要由一家综合实力强的监理单位来实施监理，赛迪公司通过公开招标并经数轮面试答辩后胜出中标。

其次，建设单位对监理单位的工作给予了充分的肯定。由于该项目推动的是"大总包、大监理"模式，赛迪公司配备了强大的专业监理团队，特别是在空中连廊钢结构首次提升、5.8米巨孔桩开挖和双导管浇筑、邻江地质涌水、流沙处理、邻江防洪等关键工序上派出专家组给予支持，应用科学管理手段有效提升了项目管控效果。监理团队诚

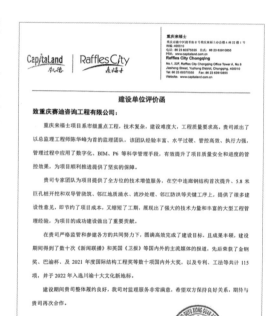

信履约，恪守职业道德，使项目的建设在质量、进度目标控制和安全生产管理方面均达到超预期效果，也使本项目获得33项国内外工程大奖。

最后，建设单位表示今后的项目将优先选择与赛迪公司合作。

# 监理增值服务助力工程建设顺利推进

## ——"西南政法大学"项目

## 一、工程概况

本项目坐落于西南政法大学渝北校区之内，总投资金额约2.35亿元人民币，总建筑面积约7.5万㎡，由两栋一类高层精装办公建筑组成。其基础工程采用深基坑人工抗滑桩支护施工，且采用独立基础形式，主体结构为大跨度的高大空间钢结构工程。

## 二、监理单位及其对监理项目的支持

重庆市永安工程建设监理有限公司具备工程监理综合资质，汇聚了丰富的专业技术人才，建立了完善的管理体系。公司所承接的工程项目多次荣获国家级和省级奖项。根据项目特点，公司科学地安排专业人员，并提供完善的监理设施，执行日常的监督和检查任务。此外，公司采用信息化管理工具，确保项目按计划推进，实现既定目标，为项目的顺利实施提供了坚实的支持。

## 三、监理工作主要成效

本项目总监理工程师张峰具有高级工程师职称，同时持有注册监理工程师及一级建造师执业资格。在其职业生涯中，已完成了超过10个大、中型项目的监理工作，期间荣获"三峡杯"、"巴渝杯"等殊荣，彰显了其深厚且丰富的工程监理经验与能力。项目监理机构秉持创新理念，积极引入信息化管理平台及BIM技术，以先进的工作方法和手段，在项目监理工作中取得了显著成效。特别是对质量缺陷能及时发现并高效解决，对安全生产隐患能精准识别并有效应对、及时处理。监理团队在与项目各参建方的紧密沟通和协调等方面，均展现出卓越的执行力与协同能力，确保了项目按计划顺利推进，工程质量与施工安全均达到预期要求。本项目于2023年荣膺重庆市"巴渝杯"优质工程奖，进一步验证了监理团队的实力与成就。

## 四、建设单位简况

西南政法大学是新中国最早建立的高等政法学府，改革开放后国务院确定的全国首批重点大学，教育部和重庆市人民政府共建高校，国家首批卓越法律人才教育培养基地、首批国家级涉外法治研究基地、教育部首批"涉外法治人才协同培养创新基地（培育）"。

## 五、专家回访录

2024年9月11日，重庆市回访专家组对西南政法大学进行了访谈。

校方代表对监理公司及其项目监理机构的工作表示了高度认可。

校方代表指出，监理公司根据项目特性，组建了一支精干、高效、专业的监理团队，配备了无人机及应用了BIM技术；定期对项目监理机构进行检查与考核，并组织校方基建管理人员与监理人员共同进行技术和管理培训，统一双方对质量与安全等目标实现的认识，促进管理过程中的沟通。

项目监理机构恪守诚信，遵循职业道德规范，保持廉洁自律。严格把控程序关，严控工程变更；对危险性较大工程严格执行专项施工方案审查、论证、巡视和验收；在幕墙深化设计和基础变更设计环

西南政法大学

建设单位评价函

重庆市永安工程建设监理有限公司：

贵司根据西南政法大学综合实验楼项目特点以及合同约定，组建了精干高效的项目监理部进驻施工现场，且派出经验非常丰富的总监理工程师，配备专业齐全、数量足够的监理工程师和监理员，监理人员职业素养高、专业技能过硬、爱岗敬业、时刻坚守岗位。

在总监理工程师张峰的领导下，监理部全体人员遵循"守法、诚信、公正、科学"的执业准则，开展监理工作，特别是总监在诸多施工难点：如钢结构、深基坑、超高超跨结构等，积极建言献策，超常履行总监的职责，把优质服务体现于监理工作之中，为我方提供有力的技术支撑。

监理团队在监理过程中实行科学管理，运用BIM技术手段，进行工程计量、质量进度控制、深化设计、情景模拟以及履行法定安全生产职责，对参建各方进行有效的协调管理，及时化解分歧达成共识，忠实履行了监理职责和义务。

在项目监理部的监督管理下，本项目最终超预期完成各项控制目标，2022年获得重庆市"三峡杯"优质结构工程奖；2023年获得重庆市"巴渝杯"优质工程奖。

通过本项目友好高效合作，我方对贵司的大力支持表示感谢，对项目监理团队提供的监理服务表示非常满意。

西南政法大学
基建后勤管理处
2024年9月11日

节中提出合理化建议，不仅展现了监理的专业能力和敬业精神，也体现了增值服务，确保了相关环节的工程质量与进度。在项目缺陷责任期内，通过定人定时的回访和现场检查，发现问题并督促整改到位，充分展现了监理的优质服务意识。校方代表表示，若有机会，期望能继续与永安监理公司合作。

# 强技术保障　重细节控制　建精品工程

## ——重庆"白居寺长江大桥"项目

## 一、工程概况

白居寺长江大桥乃全球跨径最大的公轨两用钢桁梁斜拉桥，其主桥长度为1384m，主跨达660m，索塔高度更是高达236m，为重庆主城区的最高桥塔。此桥不仅是重庆市快速路"七横线"跨越长江的关键性节点工程，也是城市的标志性建筑。目前，该桥已申报"巴渝杯"及"鲁班奖"两大奖项。

## 二、监理单位及其对监理项目的支持

重庆育才工程咨询监理有限公司具备公路工程监理甲级资质、公路机电工程专项监理资质、市政公用工程监理甲级资质以及港口与航道工程等多项监理乙级资质。公司承接的菜园坝大桥、鹅公岩复线桥、白居寺桥等项目，荣获"鲁班奖""中国土木工程詹天佑奖""李春奖"等多项荣誉。

依据项目具体需求，公司选派优秀监理人员组建项目监理机构，为工程技术难题和关键技术方案提供咨询与指导服务，确保项目在管理、组织和技术方面获得充分的保障。

## 三、监理工作主要成效

项目监理机构通过实施有效的监理活动，对项目目标进行了精准的控制与管理，确保了工程造价控制在总承包合同规定的总价范围内；工程质量满足设计规范和国家相关标准，所有过程验收均达到100%合格率，竣工验收一次性通过。此外，监理团队采取了网格化管理策略，加强对危险性较大工程的监理力度，成功实现了"零"伤亡的安全生产管理目标。在进度控制方面，监理团队严格审查进度计划并监督其执行，即便面对长江5号洪水这一百年不遇的自然灾害以及疫情的严重冲击，监理团队提出了合理化建议，成功挽回了143天的工期损失，确保了项目按合同约定的期限顺利完成。

项目总监理工程师赵发元拥有丰富的项目管理经验，曾担任荔波县官塘大桥、菜园坝大桥、重庆两江桥、白居寺长江大桥等重大项目的总监理工程师，展现了其卓越的专业能力。

## 四、建设单位简况

重庆中交二航长江大桥建设发展有限公司是由中交第二航务工程局有限公司与重庆市城市建设投资（集团）有限公司合资组建的SPV项目公司。作为本项目的建设单位，负责本项目投融资、建设、运营和移交等全部工作内容。

## 五、专家回访录

重庆市回访专家组于2024年9月12日对本项目的建设单位进行了访谈。

建设单位代表在访谈时表示，本项目采用PPP模式建设，通过公开招标选择具有跨江桥梁项目监理经验的专业团队尤为重要，只有这样才能与PPP公司共同打造世界第一跨径公轨两用钢桁梁斜拉桥，非常有幸重庆育才公司靠实力中标，并以完美的履约保证了本项目的质量与进度。

监理单位根据工程建设的需要为项目提供BIM技术支持，对大跨度公轨共建钢桁梁对称悬臂拼装和236m水滴型索塔各施工环节数据进行全面复核并精准地控制在规范范围内。对于钢结构部分，监理单位实施了驻厂监理，在钢结构监造过程中发现了重大

**重庆中交二航长江大桥建设发展有限公司**

**建设单位评价函**

重庆育才工程咨询监理有限公司业绩突出、行业内名气响和口碑好、有跨越长江类似桥梁和PPP项目监理经验、专业技术人才储备充足。监理公司组织和协调参股的重庆交大设计分公司和控股的武汉恒通BIM软件设计子公司为项目提供专业咨询服务和辅助决策支持，由公司的技术核心团队复核关键专项方案并对监理过程中出现的工程技术难题给予技术指导。

项目监理部在经验丰富的总监理工程师赵发元带领下，认真履行合同要求的职责，在资源整合、专业能力、职业素养、科学管理、协调能力和成果达成等方面发挥关键作用，严格执行重庆市建设行政主管部门颁布的监理工作"十不准"做到监理办公和食宿自行负责等要求，值得信赖。

在面临新冠肺炎疫情和百年一遇的长江5号特大洪水等诸多困难时，监理单位提供了合理化建议，为成功挽回143天工期作出突出贡献；对大跨度公轨共建钢桁梁对称悬臂拼装和高236米水滴型索塔各施工环节数据进行全面复核并精准的控制在规范范围内；在钢结构监造过程中及时发现重大质量隐患，体现了极强的专业性和责任感。

现获得重庆市住建委的通报表扬和"三峡杯"优质结构工程奖，并已申报"巴渝杯"、"鲁班工程奖"等奖项。

期待与重庆育才工程咨询监理有限公司的再次合作！

重庆中交二航长江大桥建设发展有限公司

二〇二四年九月十二日

质量隐患，并得到及时消除，从源头上保证了材料和构件的质量。监理团队遵守职业道德，严格执行标准、规范，对施工过程中的每个环节都进行了严格的质量控制，确保了工程质量符合预定标准。通过有效的监督和管理，在安全、质量、进度、投资方面发挥了关键作用，服务成效显著，获得过市住建委通报表扬，期待再次与育才公司合作！

# 创新监理工作方法　提升监理服务水平
## ——成都天府国际机场航站区施工总承包四、五标段

## 一、项目概况

本项目为成都天府国际机场一期工程航站区施工总承包的四、五标段，涉及供冷供热站的综合安装工程，以及工作区内的弱电与智能化工程（以下统一简称为"机场配套工程"），此部分工程投资额达到19.75亿元人民币。

## 二、监理单位及其对监理项目的支持

四川西南工程项目管理咨询有限责任公司是中国建筑集团有限公司旗下中建西南咨询顾问有限公司的全资子公司。公司专注于为建设项目全生命周期提供包括工程咨询、工程监理、造价咨询在内的多维度专业技术支持与管理服务。在本项目的实施过程中，公司组建了专业的项目监理机构，并融入了BIM技术及数字化管控等先进管理手段，持续优化监理服务水平，进而推动项目顺利实施并圆满达成交付的目标。

## 三、监理工作主要成效

本项目由高级工程师李万担任总监理工程师，他持有多项注册执业资格。在总监理工程师领导下，监理团队秉持辑志协力、守正创新的原则，采取了如下有效措施确保项目建设的顺利进行：

一是组织创新，在原有监理团队的基础上，增设了设计、测控、成本以及BIM技术的专业人员，构建了一个强大的矩阵式管理模式。结合全过程咨询理念，监理团队以多层次、多角度的方式提供专业的技术咨询服务。二是模式创新，团队依托"监理+"工作平台，实现了对项目建设工作的统筹与协调。这一创新模式有效促进了各专业板块之间的深度融合与协作。三是技术创新，积极运用BIM技术建立了监理工作机制，实现了施工方案的可视化交底，优化了设计图纸，并成功打通了项目从设计、施工到验收的全过程审批监管数据链条。这一创新举措显著提高了监理服务的质量与水平。

得益于上述一系列创新举措与参建各方的共同努力，该项目荣获了"鲁班奖"、"芙蓉杯"、"安装之星"等众多奖项，并获得了业内的高度评价与一致认可。

## 四、建设单位简况

四川省机场集团有限公司是省属国有独资大型企业。公司主营业务涵盖机场投资、机场运营管理、机场航空地面保障服务、地面运输服务，并拓展至相关非航空性业务领域。因成都天府国际机场建设需要，公司组建机场建设指挥部作为本项目的建设单位。

## 五、专家回访录

2024年9月10日，四川省回访专家组对项目的建设单位进行了回访。

建设单位代表就项目监理机构的监理工作成效、履约情况、总监理工程师的能力等议题，与回访专家进行沟通交流。

建设单位首先对监理工作给予了极高的评价，认为在项目实施的各个阶段，监理团队始终秉持增强型监理的核心理念，积极运用信息化、技术经济融合等先进管理手段，不仅在安全生产管理、质量控制、进度控制等关键环节发挥了重要的作用，而且在造价控制、项目统筹、技术咨询等方面提供了优质、高效的服务。特别是建立了BIM技术应用的监理工作机制，在工程建设各阶段的管理上发挥了重要作用。

其次，建设单位对监理团队能始终坚守原则，对现场问题能够迅速响应表示满意，

**成都天府国际机场建设指挥部配套工程部文件**

**关于对天府机场监理团队评价的函**

致：四川西南工程项目管理咨询有限责任公司

贵公司作为成都天府国际机场航站区施工总承包四、五标段（生产辅助设施工程）供冷供热站综合安装工程，工作区弱电及智能化工程监理单位，以专业技术和严谨态度，确保了项目的顺利实施与交付。在此，我们对贵公司在监理过程中的表现做出以下评价：

**一、专业技术和过程控制**

贵公司监理团队准确把握技术标准，全面监督施工质量、进度和安全，有效避免了质量问题和安全隐患。

**二、责任和严谨**

监理人员坚持原则，迅速响应现场问题，特别是在关键节点和隐蔽工程验收时，严格把关。

**三、沟通和服务**

监理团队与各方保持高效沟通，积极协调关系，及时解决问题，确保项目顺利推进。

**四、总结**

贵公司监理服务赢得了我司的高度认可，期待未来继续深化合作。再次感谢贵公司在成都天府国际机场项目建设中做出的贡献。

成都天府国际机场建设指挥部配套工程部

2024年9月4日

特别是在关键节点和隐蔽工程验收等关键环节，更是严格把关，确保工程质量。另外，监理团队能与各方保持高效沟通，积极协调各方关系，及时解决问题，为项目的顺利实施与交付提供了有力保障。

最后，建设单位希望能与四川西南工程项目管理咨询有限责任公司继续合作。

# 践行监理工匠精神　助力行业高质量发展
## ——中国电信西部信息中心（二期）大数据中心项目

## 一、项目概况

　　本项目位于成都市益州大道1666号，投资额1.97亿元人民币，建筑面积3.7万m²，建筑高度45.6m；围绕"西部大开发"战略和"一带一路"倡议，响应四川省"十三五"信息化发展规划，推动成都成为国际一流的大数据和云网交换中心。

## 二、监理单位及其对监理项目的支持

　　四川省川建院工程项目管理有限公司隶属于四川省建筑设计研究院有限公司，拥有房屋建筑工程和市政公用工程监理双甲级资质。公司恪守"业主至上、内诚外信、奉献社会、永铸一流"的经营理念，为本项目精心组建了一个配备完善的项目监理机构，并提供了全专业资深设计顾问及先进的技术管理工具。在项目实施期间，公司领导亲自带队，定期对项目监理机构的履约情况进行检查与指导，对监理团队在工作中遇到的难题给予高度重视，并及时提供指导与协助以解决问题，确保了项目建设的可控性和顺利推进。

## 三、监理工作主要成效

　　本项目的总监理工程师曹成安具有高级工程师的职称，在他的领导下，项目监理机构秉持高效履职、精益求精的工作态度，采取了多项措施来确保项目建设的顺利进行。首先，项目监理机构以合同为核心，对目标进行了分解，明确了各阶段的控制目标、风险点及监理措施。其次，鉴于项目的复杂性、施工周期长以及多工种交叉作业，监理团队运用BIM技术进行了碰撞检查，及时发现了机电安装工程中的进水管与风管碰撞、消防系统与风系统碰撞等问题，并提出了合理化建议，保障了项目的正常进行。第三，项目监理机构始终将质量控制与安全生产管理放在同等重要的位置，严格控制关键环节，确保工程质量和安全生产始终处于可控和稳定状态，为项目的顺利投运打下了坚实的基础。

## 四、建设单位简况

中国电信四川分公司隶属于中国电信集团公司，是四川省主体电信服务提供商及综合信息服务的主导运营商。目前，公司承担着四川省内普通电信服务业务以及应急通信等关键任务，是四川省公众通信领域的重要企业。

## 五、专家回访录

2024年9月10日，四川省回访专家组对本项目的建设单位进行了回访。建设单位对项目监理机构的工作表现高度赞扬。具体情况如下：

1. 项目监理机构专业能力突出，工作经验丰富，展现了卓越的专业能力，不仅具备扎实的工程理论基础，还拥有丰富的实践经验。通过对本项目各项建设目标的严格控制与管理，监理团队为项目的顺利实施提供了强有力的保障。

2. 项目监理机构始终坚持精品意识，积极践行工匠精神。全体监理人员始终保持严谨、高效、专业、务实的工作作风，以优质的监理服务回馈建设单位的高度信任。

3. 项目监理机构在项目中充分体现了"沟通有温度、做事有力度、反馈有准度"

**中国电信股份有限公司四川分公司**

关于中国电信西部信息中心（二期）
大数据中心项目监理工作评价的函

四川省川建院工程项目管理有限公司：

四川省川建院工程项目管理有限公司在我公司"中国电信西部信息中心（二期）大数据中心"项目的监理工作中表现突出，展现了高度的责任意识和技术水平。该公司始终秉持讲政治、顾大局的原则，严格履行合同义务，以高度的契约精神和社会责任感，切实保障项目的顺利推进。对于需报请建设方决策的事项，监理团队能迅速、高效与建设方管理人员沟通并协助解决相关问题，体现了良好的沟通协调能力和专业精神。

此外，该公司领导层及相关职能部门高度重视本项目，多次到场指导监理工作，并与建设方保持充分沟通，持续改进和提升监理服务水平。四川省川建院工程项目管理有限公司以上下协同、一丝不苟的工作作风，确保了项目高标准、高质量交付，充分彰显了其作为国企的担当与实力，为今后的进一步合作奠定了坚实的基础。

中国电信股份有限公司四川分公司
2024年9月7日

的工作特点，作为建设单位和施工单位之间的重要纽带，项目监理机构建立了符合项目实际需求的高效沟通机制，成功协调并解决了项目中的各种问题。同时，监理团队积极听取各方意见，寻求最佳解决方案，确保项目和谐有序推进。

总之，建设单位对项目监理机构的工作表示满意，并期待未来能与四川省川建院工程项目管理有限公司进一步深化合作。

# 明确监理目标　精细监理服务

## ——四川邻水邦泰誉府项目

## 一、项目概况

　　邦泰誉府项目位于四川省广安市邻水县世行1号道路西侧，总投资7亿元人民币，由邻水邦泰置业有限公司开发建设。占地43472m²，由13栋10+1层住宅、配套商业及社区用房、地下车库等组成，规划总建筑面积约125356.14m²，建设工期2年。

## 二、监理单位及其对监理项目的支持

　　四川省中冶建设工程监理有限责任公司是隶属于四川省冶金设计研究院的国有企业。公司拥有房屋建筑、市政公用、冶金工程监理甲级资质以及多项监理乙级资质，荣获中国质量协会颁发的"全国用户满意服务"金奖。公司致力于为项目监理机构提供全方位的技术、安全和质量保障服务，通过定期的检查和考核，确保施工过程中的安全生产管理与质量标准得到严格执行和实现。提高监理工作的效率，有效预防潜在风险，确保监理任务能够按照既定计划高质量地完成。

## 三、监理工作主要成效

　　本项目总监理工程师刘均高度重视工程建设目标的预先控制，自工程建设起始阶段，便明确指示监理团队确立住宅工程交付率达到100%的监理工作目标。项目监理机构针对质量控制和安全生产管理的关键环节进行了预先策划，并制定了详尽的关键工序、住宅工程质量通病以及危险性较大工程管理等监理实施细则，并以此为指引开展监理工作，提升监理服务的整体质量。同时，项目监理机构还提出了实施样板引路制度，明确了工序交接、工作面移交的质量验收程序，定期开展过程质量效果评估等一系列有效的管理措施，实现了质量、进度的有效控制和安全生产的综合管理。监理人员在项目建设管理工作中充分发挥了主导作用，以高标准完成了监理任务，其交付的成果获得了建设单位和住户的高度认可。

## 四、建设单位简况

邻水邦泰置业有限公司隶属于总部位于四川成都的邦泰集团，集团业务遍布川、渝、云、皖、湘、鄂、甘、陕、晋、桂等全国10省/直辖市/自治区，进驻全国34座城市，年产值逾200亿元人民币，开发运营131个精品项目，开发面积超2500万㎡。

## 五、专家回访录

2024年9月11日，四川省回访专家组对项目建设单位进行了回访。

建设单位代表就项目监理机构的表现和监理服务质量与回访专家组进行了深入的沟通与交流。

建设单位认为监理单位派驻的现场监理人员具备丰富的经验与强大的专业能力。总监理工程师明确了监理目标，组织制定了详尽的监理实施细则，明确了各监理人员的岗位职责与工作范围，并组织了业务培训，促进了监理人员专业素质的持续提升。通过监理团队的通力合作与不懈努力，成功打造了高品质的住宅工程，实现了100%的交房率。

项目监理机构在监理工作中向施工单位明确了易于操作的监理工作流程，并积极主

**邻水邦泰置业有限公司文件**

邻邦发（2024）字第（002）号

**关于邻水邦泰誉府项目**
**监理工作评价的函**

四川省中冶建设工程监理有限责任公司：

贵司承接的邻水邦泰誉府项目工程建设过程中，项目监理团队在监理工作期间认真负责，与我司及总分包配合良好，在施工过程中克服困难积极沟通协调，持续推动项目的开展。做好建设方与施工单位的桥梁。在主体结构施工期间，组织施工方完成屋面超高悬挑支模外架超危大方案设计及全程旁站施工完成，疫情期间积极督导人员隔离，夏季高温限电组织施工调配用电使工程进度未受到影响。目前工程已顺利交付，业主评价非常满意。

四川省中冶建设工程监理有限公司邻水邦泰誉府项目监理部专业扎实、技术过硬、品质优秀，我司对其工作表示高度赞赏！

致敬此函，

邻水邦泰置业有限公司
2024年8月29日

动与各参建单位进行协调沟通，及时有效地解决了施工过程中出现的各类问题，有效推进了项目施工进度。此外，监理单位定期对项目进行巡检，每次巡检均与建设单位进行面对面的沟通，就现场问题进行反馈，提出解决方案，持续提升客户满意度。

# 尽责履职创新监理手段　因势赋形建造品质工程
## ——成都天府艺术公园·文博坊片区场馆项目

## 一、项目概况

天府艺术公园·文博坊片区场馆建设项目位于四川省成都市金牛区金牛坝路，是成都市打造"八街九坊十景"的重点项目之一，建筑面积10.6万m²，总投资额15.7亿元人民币，是集生态、文化、艺术、休闲于一体的综合性公园。

## 二、监理单位及其对监理项目的支持

四川省兴旺建设工程项目管理有限公司是一家综合实力雄厚、专业技术精湛、恪守诚信的监理服务企业，是全国监理行业营收百强企业之一。公司领导对监理项目高度重视，不仅在人力资源、物资资源及财务资源方面给予充分的支持，而且分管领导及工程部门负责人经常亲临现场进行检查和指导工作。同时，公司对监理人员实施了持续的专业培训，并与建设单位保持密切的沟通与交流，致力于不断优化和提升服务质量。

## 三、监理工作主要成效

本项目总监理工程师谢代斌持有多项执业资格证书。在他的带领下，项目监理机构不断创新监理工作方法，实施"监、帮、促"一体化策略，采用高科技设备（无人机、3D扫描仪、记录仪）创新监理检查方法，应用信息管理平台和BIM技术，提高监理工作的精确性和时效性，及时发现并解决了诸多质量缺陷和安全生产隐患，保证了项目建设的质量和安全。特别是针对本项目大跨度钢结构施工、钢网架曲屋面吊装、深基坑等工程，项目监理机构严格审查专项施工方案、积极参加专家论证、编制了有针对性的监理实施细则、加强施工过程的质量控制与安全生产管理，为复杂施工工艺的实施提供有力保障。该项目荣获"鲁班奖"、"中国钢结构金奖"等奖项。创新的建造经验在央视《大国建造》节目中播出。

## 四、建设单位简况

成都天府艺术公园投资有限公司作为一家国有企业，其主要业务范围包括项目投资、投资管理以及资产管理等多个方面，并且拥有房地产开发的二级资质。该公司秉持"构建公园城市形态，丰富城市文化内涵"的宗旨，致力于为市民打造高品质的城市生活体验。

## 五、专家回访录

2024年9月12日，四川省回访专家组对项目建设单位代表进行了回访。鉴于对项目质量的不懈追求、对安全管理的高度重视以及对优质服务的持续需求，建设单位选择了与兴旺公司携手合作。项目监理机构认真履职、勇于担当、创新精神以及勤勉的工作态度获得了建设单位的高度评价。

建设单位代表对项目监理团队的专业素质和诚信道德表示了认可，在面对困难和挑战时表现出了非凡的坚韧和战斗力。具体表现在：项目监理机构展现了卓越的专业能力，对工程图纸、规范和标准的熟悉程度极高，能够迅速识别并解决施工过程中的问题。在提供监理服务的过程中，监理单位不仅为建设单位提供了优化方案，还对施工单位进行了专项方案研讨、事前技术交底以及质量与安全生产管理的指导。

建设单位对兴旺公司给予了高度评价，认为其是一家综合实力雄厚、专业技术精湛、诚实守信的监理单位，并对兴旺公司为项目建设所作出的贡献表达了衷心的感谢。

### 成都天府艺术公园投资有限公司

#### 对"天府艺术公园·文博坊片区场馆建设项目"监理单位四川省兴旺建设工程项目管理有限公司的评价函

致：中国建设监理协会

我公司建设的"天府艺术公园·文博坊片区场馆建设项目"，由四川省兴旺建设工程项目管理有限公司负责监理。在工程建设、运营期间，该公司全面、忠实履行了合同约定的义务，实现了我公司选择监理单位的初衷。

该项目建设工期短、任务重、要求高，兴旺管理公司派驻现场的监理人员思想好、技术精、作风实、服务优。在监理工作中认真履职、主动作为、科学管理、严格把关，充分展现了兴旺人的工匠精神，为项目获得鲁班奖、中国钢结构金奖、中国安装工程优质奖等奖项作出了突出贡献。同时，该公司还在进度、质量、安全、投资管理上为我公司提供了许多优化方案，确保了我公司工期、质量、安全、投资各项目标的实现。

该项目投入运营后，项目总监、监理工程师定期回访使用单位，及时督促施工单位整改质量缺陷，保证了项目的正常运行。

该项目建成后，成都市、四川省乃至全国各地到"天府艺术公园·文博坊片区场馆建设项目"参观游览的群众络绎不绝，广大人民群众对艺术公园的高科技、智能化、艺术性赞不绝口。

我公司对兴旺管理公司提供的监理服务十分满意，被我公司视为四川省监理企业顶级、优质、可靠的服务商。

此函

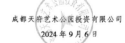

成都天府艺术公园投资有限公司
2024年9月6日

# 高质量监理服务促进高品质工程建设
## ——贵州江津经习水至古蔺高速公路项目

## 一、项目概况

江津（渝黔界）经习水至古蔺（黔川界）高速公路（以下简称江习古项目）位于贵州省习水县境内，路线全长80.996km，工程总投资1017392.62万元人民币。

## 二、监理单位及其对监理项目的支持

贵州省交通建设咨询监理有限公司具备公路工程监理甲级资质以及特殊独立大桥、特殊独立隧道以及公路机电专项监理资质。作为项目监理机构的坚强后盾，公司从人力资源、技术能力、管理效能、经济支持及信息处理等多个维度，为项目监理机构提供了全面且有力的支持，提升了公路工程监理工作的品质与效率，确保了项目的顺利推进。

## 三、监理工作主要成效

本项目总监理工程师汪涛持有工程技术应用研究员职称证书及试验检测工程师资格证书，曾在贵州松铜高速公路、贵州江习古高速公路、广西荔玉高速公路、广西平武高速公路、四川镇广高速公路等重大工程项目中担任总监理工程师，积累了深厚的组织管理、计划与决策、团队领导及风险管理经验。在他的领导下，项目监理机构遵循"因事设岗、职责相称；权责一致、责任分明；任务明确、要求具体；责任落实、便于考核"的原则，有效地开展监理工作。通过预先规划，明确质量控制与安全生产管理的策略与措施；强化过程控制，确保了工程项目的质量与安全。同时，结合监理团队的专业经验和项目实际情况，提出了10余项合理化建议，这些建议被采纳后，不仅提升了工程项目的质量，还节约了工程成本并加速了工程进度。在监理人员的共同努力下，本项目在目标控制和监理工作方面取得了显著成效。项目荣获2018～2019年度四川省建设工程"天府杯"金奖、2020～2021年度公路交通"优质工程奖"；此外，《基于赤水河大桥的山区大跨径悬索桥关键技术研究》荣获中国公路建设行业协会"科学技术进步二等奖"。

## 四、建设单位简况

该项目的投资方为四川公路桥梁建设集团有限公司，该集团在基础设施建设领域拥有丰富的经验，并取得了显著成就。为了进一步优化项目管理并加速项目进程，项目的主要投资方专门成立了贵州江习古高速公路开发有限公司。采用了"BOT+EPC+政府补助"的融资模式。这一模式结合了建设、运营、转让以及工程总承包和政府的财政支持，目的是为项目的顺利推进提供保障。

## 五、专家回访录

贵州省回访专家组对本项目的建设单位进行了回访。

建设单位对监理工作给予了高度评价，认为在项目实施阶段，监理团队积极运用多种先进的管理手段和工作方法，在监理过程中发挥了至关重要的作用。表达了未来与本项目监理单位继续合作的意愿。

建设单位指出，本项目监理团队始终坚守监理工作原则，在关键节点和隐蔽工程验收等关键环节严格把关，确保了工程质量。对于现场出现的问题能够迅速作出反应，并提出处理意见，确保了项目的进度。此外，还结合过往经验，针对工程实际情况，提出了切实可行的合理化建议，确保了工程质量、节约了工程成本并缩短了建设周期。同时，监理团队能够与各方

**贵州江习古高速公路开发有限公司**

**贵州江习古高速公路开发有限公司**
**关于对江习古高速公路 JL1 总监办的评价函**

贵州省交通建设咨询监理有限公司：

在江习古高速公路项目建设中，JL1 总监办作为监理方代表发挥了重要作用。工作态度认真负责，始终坚守岗位，严把关键环节质量关，具备良好的职业素养。

1.在质量控制方面，严格遵循设计要求和规范标准，对施工工艺全程监督，有力保障了工程质量。

2.进度控制上，积极配合建设单位，审核施工单位进度计划并督促执行，确保项目按计划推进。

3.安全管理方面，建立完善的安全监理制度，加大施工现场安全检查力度，排查隐患，为项目建设营造了安全的施工环境。

此外，J1 总监办在协调沟通上也表现出色，积极与各参建方联系，传达意见、协调矛盾，提高了工作效率。总体而言，对 JL1 总监办的监理工作十分满意，希望在后续建设中，贵公司能继续保持，为高速公路项目的圆满完工贡献更多力量。

贵州江习古高速公路开发有限公司

2024 年 10 月 18 日

—1—

保持高效沟通，积极协调各方关系，为项目的顺利建成并交付提供了有力的支持。

建设单位强调，持续推进工程监理制度是必要的，它不仅具有法律和理论上的依据，也符合社会的需求。

# 履行监理职责　护航项目建设
## ——云南华能元谋物茂光伏电站（550MW 复合型光伏）项目

## 一、项目概况

华能元谋物茂光伏电站位于云南省楚雄州元谋县物茂乡，利用国家允许光伏使用林地建设光伏发电项目，规划容量550MW（交流侧），本项目监理工作范围：一个220kV升压站、一个110kV升压子站，一条110kV送出线，七条35kV架空集电线路，五个光伏片区。

## 二、监理单位及其对监理项目的支持

云南电力建设监理咨询有限责任公司作为中国电力企业联合会监理专业委员会的理事单位及云南省建设监理协会的副会长单位，始终秉承高质量发展的理念。公司构建了全方位、多层次的监管体系，实现了线上与线下监管的有机结合。公司管理层高度重视项目关键节点的履职到位及管控水平。为此，特别委派了经验丰富的总监理工程师和专业监理团队入驻现场。同时，公司还组建了专家团队，每季度对项目的各个关键阶段进行分层次、分等级的"专业问诊和把关"。致力于不断提升监理的履职能力和管理能力，确保实现项目的质量和安全目标。

## 三、监理工作主要成效

本项目总监理工程师石燚具有丰富的监理工作经验，监理项目多次荣获"鲁班奖"及"国家优质工程"奖。在其领导下，监理团队针对项目地理位置复杂、分布广泛以及光伏安装技术标准高等特点，充分利用建设单位提供的智慧信息管理系统，加强过程控制，严格实施工程预防控制措施、材料审查以及安全生产巡视。从抽检环节入手，将项目统筹管理融入施工的每一个环节，有效支持了建设单位的项目管理工作。项目监理机构积极向建设单位提出的合理化建议被采纳后，施工进度得以加快，工程质量得到提升，确保了本项目的总体目标得以圆满实现。在项目建设期间，项目监理机构的工作得到了建设单位及相关部门的高度评价。

## 四、建设单位简况

华能新能源（元谋）有限公司隶属于华能新能源股份有限公司云南分公司，致力于在元谋地区开展风电和光伏发电等新能源项目的投资、建设及运营管理工作。迄今为止，该公司已顺利实现华能元谋物茂光伏电站等八个项目的并网发电，装机容量不断增长，逐步扩大至"基地型"规模。

## 五、专家回访录

2024年9月25日，云南省回访专家组对本项目的建设单位进行了实地回访。

建设单位对项目监理机构的履职情况表示了充分的认可，认为项目监理机构不仅恪守了合同所规定的职责，更是在多个方面超越了既定标准，展现了卓越的工作效能。建设单位对监理单位提供的整体服务给予了极高的评价，尤其在监理团队的职责履行和专业技术水平方面，表现优秀。

建设单位特别指出，面对光伏安装过程中遭遇的难题，监理团队提供了极具专业性的建议，不仅迅速有效地解决了现场问题，还显著提升了项目在坡林地形中光伏安装的质量，充分体现了工程监理在专业咨询和质量控制方面的显著作用。

**华能新能源（元谋）有限公司**

关于华能元谋物茂光伏电站（550MW
复合型光伏项目）的评价函

华能元谋物茂光伏电站（550MW复合型光伏项目）光伏区于2022年1月10日开工，升压站于2022年7月1日开工，项目于2024年6月30日投运并网发电。该项目由云南电力建设监理咨询有限责任公司负责监理工作，现根据履约及项目实际进展情况，对该监理公司的服务予以评价。

在工程建设过程中，该监理公司组织精兵强将，以高度的责任心和专业精神，对工程进度、质量、安全等方面进行全程监理，在每个阶段都展现出对细节的极致关注。一直积极配合我司的管理工作，在跟进进度的同时严把质量安全关，积极主动为我方提供技术指导意见建议及工作支持。

我方认为云南电力建设监理咨询有限责任公司值得信赖！希望与其继续真诚合作并为我们持续提供优质服务！

华能新能源（元谋）有限公司
2024年9月25日

此外，建设单位对监理单位的信息管理效率给予了高度认可，认为高效的信息管理在坡林地形的监理工作中发挥了重要作用，有效推动了工程建设，保障了工程如期交付。

最后，建设单位表示，监理单位在护航项目建设方面发挥了重要作用，表达了要与监理单位未来继续合作的强烈意愿。

# 以全过程工程咨询的视角开展监理工作

## ——云南生态环境科研创新基地项目

## 一、项目概况

云南生态环境科研创新基地建设项目坐落于云南省昆明市滇池旅游度假区海埂片区庄稼塘立交区东南地块，建设规模8319.51m$^2$，总投资5487.16万元人民币。项目为一栋地上六层、地下一层的科研用房，地上建筑面积6932.25m$^2$，地下建筑面积1387.26m$^2$。

## 二、监理单位及其对监理项目的支持

云南新迪建设工程项目管理咨询有限公司是云南省建设监理协会的会长单位。自成立以来，公司始终致力于为客户提供高质量的技术咨询服务，承担工程建设质量、进度、投资的控制以及安全生产管理的职责，赢得了广大客户及政府主管部门的普遍赞誉。

依据工程项目的规模和复杂性，公司合理构建项目监理机构，科学配置人力、物力和财力资源，强化人才培养与队伍建设，提供全面的技术支持服务，建立完善的风险管理机制。

## 三、监理工作主要成效

项目监理机构由具备丰富项目管理及工程监理经验的刘刚高级工程师担任项目总监理工程师，他以全过程咨询的视角组织和开展监理工作，建立了完善的管理制度，并擅长与项目参与各方保持良好的沟通。监理团队在工作中以目标控制为导向，积极主动地控制工程质量、进度和投资，严格执行安全生产管理责任，确保了质量、安全等各项指标的达标，赢得了建设单位及相关检查部门的高度评价。项目先后荣获区、市、省级安全生产标准化工地及质量示范项目、"春城杯"荣誉，刘刚个人亦两度荣获区、市级先进个人。

此外，公司为本项目组建的全过程咨询服务团队在5个月内高效地完成了建设手续的办理、初步设计的招标、EPC的招标以及相关的项目管理工作。从项目开工至竣工验收并完成备案，整个过程仅耗时11个月，展现了极高的工作效率。

## 四、建设单位简况

云南省生态环境科学研究院是云南省生态环境厅直管事业单位，主要职责为开展生态环境科研、技术应用与推广，为生态环境管理决策、生态环境保护、重大建设项目提供技术服务。

## 五、专家回访录

2024年9月25日，云南省回访专家组对本项目的建设单位进行了访谈。

建设单位对新迪咨询提供的服务给予了高度评价和认可。

建设单位指出，作为本项目的全过程工程咨询单位，公司领导对项目非常重视，选派的项目总监理工程师不仅拥有卓越的专业知识，而且在履行职责时展现了极强的责任感。整个服务团队也充分展现了他们的专业技能，从项目初期开始，便确保了各项工作的扎实与周全。正是由于他们的不懈努力，项目建设过程中变更情况非常少，进度和投资控制均取得了显著成效，还确保了工程质量和安全，节省了投资，建设单位感到十分满意。

建设单位还特别强调，监理单位真正做到了为建设单位全面管理项目的各个方面。

云南省生态环境科学研究院

**关于云南生态环境科研创新基地建设项目的评价函**

致：云南新迪建设工程项目管理咨询有限公司

兹有我院建设的"云南生态环境科研创新基地建设项目"，贵单位为本项目全过程咨询单位，包括项目管理、工程监理及造价管理。

贵公司2022年8月中旬介入本项目管理工作以来一直兢兢业业、管理协调得力、经验丰富、服务优质，各方面均把控良好，项目自始至终未出现任何质量安全事故，进度及成本可控，且项目多次荣获区、市级相关奖项，我院对贵公司所做工作高度认可，服务较为满意，特以此感谢！

云南省生态环境科学研究院
2024年9月25日

对于那些对工程建设了解有限的建设单位而言，全过程工程咨询服务显然是一个省心、安心、放心的优选方案。

184

# 监理引领项目创优获建设单位赞誉

## ——西安智能钻探装备及煤层气开发产业基地项目

## 一、项目概况

智能钻探装备及煤层气开发产业基地项目位于西安市高新区，由中煤科工西安研究院（集团）有限公司投资建设，总投资6.9亿元人民币，总建筑面积约12万m²，包括两栋钢结构厂房、一栋综合办公楼、多栋配套用房，分两期建设。

## 二、监理单位及其对监理项目的支持

中煤陕西中安项目管理有限责任公司成立于1988年，为全国首批监理试点企业之一，也是陕西省首批全过程工程咨询试点企业之一，是隶属于中国中煤能源集团公司旗下的中煤西安设计工程有限责任公司的全资子公司。公司依据项目特性组建了项目监理机构，运用中安智慧信息化管理系统为监理工作的开展提供专业技术支持与指导。同时，公司对项目监理机构开展定期检查与考核，确保监理项目的各项工作得以有序进行。

## 三、监理工作主要成效

项目总监理工程师为孙剑高级工程师，他具有注册监理工程师和一级建造师执业资格，曾获实用新型专利1项和煤炭行业优秀QC成果奖2项，并多次荣获陕西省、西安市优秀总监理工程称号。在他的领导下，项目监理机构根据合同要求结合项目特点进行全面规划，严格履行"三控、两管、一协调"和安全生产管理职责。同时，监理团队还积极开展设计管理工作，提出多项设计方案优化建议并被采纳，从而节省投资100余万元。此外，项目监理机构发表了《监理+施工阶段设计管理几点感悟》的论文，分享设计管理经验，提升了监理服务价值，为项目各项目标实现提供了坚实的保障，赢得了建设单位及各参建单位的高度赞扬。一期项目荣获"国家优质工程银奖"，二期项目荣获省级优质结构工程奖。

## 四、建设单位简况

中煤科工西安研究院（集团）有限公司是我国煤炭领域内专注于煤炭地质勘探、煤矿安全高效开采地质保障技术、装备与工程的国家重点高新技术企业。智能钻探装备及煤层气开发产业基地项目竣工后，将为我国煤炭行业的安全、高效、绿色及智能化开采提供坚实的设备和技术支持。

## 五、专家回访录

2024年9月19日，陕西省回访专家组对本项目的建设单位进行了回访。

建设单位表示，项目监理机构人员年龄结构、专业配备合理，满足监理合同要求。开展监理工作有依有据、认真负责。通过规范的监理工作方法、措施实现了对项目质量、进度、投资的控制；对安全生产管理做到了预防为主，能及时发现安全隐患，并坚决督促施工单位进行整改；同时积极主动与参建各方协调沟通，解决项目实施过程中出现的各种问题。具体亮点如下：

1. 项目监理机构创新性的组织施工单位开展《提高长螺旋钻孔压灌桩施工质量》、《减少现浇混凝土结构外观质量缺陷》两项QC小组活动，获得煤炭行业（部级）工程勘察设计优秀QC小组/质量管理小组I类成果的殊荣。

**中煤科工西安研究院（集团）有限公司**

**业主评价书**

中煤陕西中安项目管理有限责任公司：

　　我公司委托贵司监理的智能钻探装备及煤层气开发产业基地项目，在贵司专业严谨的监理下，顺利通过各项验收，建设过程中未发生安全、质量事故，且荣获多项创优成果。

　　项目建设过程中，贵司组建的以孙剑为总监的项目监理机构，展现出卓越团队实力和超群的专业能力，为我公司提供了"施工监理+设计管理"的深层次监理服务。面对本项目作业跨度大、点多面广和技术难题频现的复杂挑战，项目监理机构始终秉持专业精神，深耕设计图纸，组织公司专家现场指导，严格履行监理职责，确保了项目施工的每一环节均符合设计要求，为顺利实现各项建设目标奠定了坚实基础。

　　该项目的建成，将为我公司带来一座集钻机、钻杆、钻头及物探仪器研发、生产、试验、检测为一体的成套钻探装备和物探仪器设备智能生产制造基地，这不仅标志着我公司在智能化、专业化生产道路上迈出了坚实一步，更为我公司未来的战略发展提供了强有力的技术与产能保障，开启了新的篇章。

　　鉴于贵司在本项目中展现出的专业水准，我公司诚挚希望加强与贵司的深入合作，共面挑战，共享成功，以贵司卓越的监理服务为基石，共同建设更多精品工程，为双方的高质量发展注入更强大的动力与信心。

中煤科工西安研究院（集团）有限公司
2024 年 9 月 2 日

2. 总监理工程师孙剑有扎实的专业基础，在工作中爱岗敬业，坚持原则。监理人员都能廉洁敬业、客观公正地开展监理工作。

3. 监理过程资料详实，且能与工程建设同步。

总之，建设单位对监理工作非常满意。并表示以后愿意继续与中煤中安监理合作。

# 敢打敢拼超值服务　监理赢得业主赞誉

## ——陕西数字医药产业园项目

## 一、项目概况

项目位于西安市西咸新区，由厂房1、厂房2、厂房3、办公楼1、办公楼2及地下车库组成，总建筑面积约17.56万m²工程总造价约8亿元人民币。园区有现代医药流通中心、医药电商流通中心、进口合资产品流通枢纽等，是一座专业化、现代化、数字化的医药供应链服务产业园区。

## 二、监理单位及其对监理项目的支持

华睿诚项目管理有限公司拥有工程监理综合资质，致力于建设工程全过程咨询服务，具有健全的管理体系和较强的人才优势，可为客户提供"1+N"全过程咨询增值服务。公司在项目准备阶段就成立了技术专家咨询团队，通过现场前端指导+后台技术支持+过程不断优化的管理方法，协助项目监理机构解决监理过程中出现的疑难问题。

## 三、监理工作主要成效

项目监理机构提供的专业服务、认真的工作态度，严格履行监理职责，有效保证了工程质量、进度和投资目标的实现。监理团队还针对屋面工程提出增加一道非固化沥青层的合理化建议，确保了屋面"零"渗漏。安全生产管理也是监理工作的重点之一，监理团队在监理过程落实每一位监理人员的安全生产管理责任，及时发现并处理安全隐患，确保了施工过程"零"事故。

本项目总监理工程师王建忠具有注册监理工程师和一级建造师执业资格，是省级优秀总监理工程师，曾参与管理的项目类型涉及公建、住宅、工业厂房、市政工程等，管理经验丰富。

## 四、建设单位简况

陕西数字医药产业园有限公司秉承"聚焦医药，打造特色"的发展理念，以创新为动力、人才为支撑、金融和服务为保障，对传统产业进行数字化、智能化改造升级，是集全医药产业和数字医药的综合服务商。

## 五、专家回访录

2024年9月10日，陕西省回访专家组对本项目的建设单位进行了回访。

建设单位代表介绍了项目建设及监理工作情况。项目包含多种医用物流库房，机械化程度高，地坪质量要求高，有严格的温湿度要求；项目地质情况复杂，大跨度钢结构施工难度大；管线系统复杂，综合管理难度大。

监理单位专业能力强、认真负责，工作效率高。敢打敢拼，积极协助建设单位应对挑战，解决工程难题。具体表现在：

1. 在监理服务过程中工作积极、专业，24小时监理现场服务，发挥了监理"敢打能拼"的精神。

2. 在耐磨地坪施工中，严格监理，认真控制，耐磨地坪无空鼓，平整度达到了

3m靠尺平整度2mm，远高于规范2m靠尺平整度5mm的标准。

3. 以认真负责、实事求是的态度积极参与认质定价和对施工单位的考核，为项目顺利完工创造条件。

4. 为建设单位提供超值服务，以全过程工程咨询思维开展监理工作，电气专业监理工程师积极协助完善专业设计取得了良好的效果，获得了建设单位和施工单位的认可。

总之，建设单位对监理单位评价很高，对项目监理机构的工作表示满意。

# 扎实专业监理规避建设风险保障各方利益

## ——渭南达刚控股总部基地－筑路机一体化智能制造和智能服务项目

## 一、项目概况

项目位于渭南市高新区，建筑面积8.5万 $m^2$，结构形式为钢结构加框架结构，建设投资2亿元人民币，建筑高度18.3m。项目主要由联合厂房、办公楼、宿舍楼及配套工程组成，属综合工业类建筑。工程于2020年6月1日开工，2023年1月31日竣工验收，工程质量合格。

## 二、监理单位及其对监理项目的支持

华春建设工程项目管理有限责任公司具有工程监理综合资质和多项咨询服务甲级资质，业务涵盖建设项目全生命周期的综合性咨询服务。公司选派优秀监理人员组成项目监理机构，实施标准化管理，全程提供技术、管理及后勤保障支持。同时，定期对项目监理机构进行检查、考核和人员培训，提高服务质量。

## 三、监理工作主要成效

本项目的总监理工程师杜宏磊是陕西省发展和改革委员会及陕西省财政厅的专家库成员，拥有30年的工程建设经验，曾多次担任总监理工程师职务。在他的领导下，项目监理机构在施工准备阶段积极协助建设单位签订施工承包合同，有效地帮助建设单位规避了合同风险。开工后，监理团队严格履行"三控两管一协调"和安全生产管理职责，严格控制材料进场质量，加强过程监督，落实质量问题的整改，理顺进度影响因素，审核工程计量与支付，并对现场安全文明施工进行严格检查。在监理过程中，项目监理机构通过签发232份关于质量和安全问题的通知单，及时消除了潜在隐患，成效显著，为工程的顺利进行和建设单位的利益保障发挥了至关重要的作用。

## 四、建设单位简况

陕西达刚装备科技有限公司是达刚控股集团股份有限公司的全资子公司，在高端道路养护机械制造领域取得了突破性进展，成功打破了由发达国家长期主导的市场垄断局面。该公司在沥青路面养护行业的制造技术与工艺产品方面都展现出鲜明的个性化特征和高精尖水平。

## 五、专家回访录

2024年9月13日，陕西省回访专家组对本项目的建设单位进行了回访。

建设单位代表认为，本项目监理机构服务专业、规范、全面，造价管控能力非常强，帮助建设单位合理控制投资，规避了诉讼风险。具体如下：

1. 项目实施过程中，建设单位与施工单位在工程款支付中存在较大分歧，监理团队客观、公平的解决了问题，展现出很强的造价控制能力。2. 项目监理机构配备了高素质监理人员，专业齐全，有扎实的专业知识和丰富的实践经验，工作态度积极认真，严守职业道德，非常自律。3. 监理人员对进场的原材料严格把关、对施工质量严格控制。4. 监理单位定期对项目检查，指导监理工作，与建设单位及时沟通。5. 总监理工程师综合

能力强，善于协调，疫情期间与建设单位一起克服了很多困难。6. 造价管控有力。在监理单位全力、专业的支持下，项目监理机构的造价控制结果各方都能接受和认可。

总体而言，项目造价可控、过程安全、质量优良，监理服务达到了选择监理单位的预期。建设单位对监理单位的支持非常感谢！

# 严谨细致监理　保障项目创优

## ——西安交通大学科技创新港科创基地四标段项目

### 一、项目概况

西安交通大学科技创新港科创基地位于西安市沣西新城，是由教育部与陕西省人民政府联袂打造的集科研、教育、产业于一体的国家级综合性创新基地。项目总投资13亿元人民币，建筑面积32万㎡，集教学、办公、科研、报告厅等多功能设施于一体，780天建成。

### 二、监理单位及其对监理项目的支持

陕西兵咨建设咨询有限公司具备工程监理综合资质，屡获"全国先进监理单位"荣誉称号。其主要业务包括全过程工程咨询、项目管理、工程监理、造价咨询、招标代理、司法鉴定、评估检测以及BIM咨询服务等。公司配备有定制化的信息化管理平台，拥有一支由各专业领域专家组成的强大技术团队和BIM团队，提供预警监控和技术支持，可以有效预防和解决项目管理中的风险，确保工作流程的高效和规范，从而促进项目的成功实施。

### 三、监理工作主要成效

项目监理机构按照法律法规、监理合同及监理规范要求开展监理工作。通过实施严格的方案审核、材料报验、信息网络公示、监理记录规范、施工综合量化考核、警示及提示栏制度、二维码管理、信息化平台和BIM技术应用等监理措施，显著提升了监理工作的科学性和合理性，为项目创优夺杯创造了条件。监理项目实现质量优、工期短、造价低、零事故。荣获"群体鲁班奖"、"国家优质工程金奖"、国际卓越项目管理（PE）大奖、中国安装工程优质奖（中国安装之星）、中国土木工程"詹天佑奖"。

项目总监理工程师王为民拥有近20年的工程管理与监理工作经验，曾多次获省级优秀总监理工程师荣誉。

## 四、建设单位简况

西咸新区交大科技创新港发展有限公司由西安交大资产经营有限公司、陕西西咸新区发展集团有限公司和陕西省西咸新区沣西新城开发建设（集团）有限公司共同出资设立，负责项目从征地、立项、设计、施工到保修服务的代建工作。交大创新港的定位：国家使命担当、全球科教高地、服务陕西的引擎、创新驱动平台以及智慧学镇的示范。

## 五、专家回访录

2024年9月11日，陕西省回访专家组对本项目的建设单位进行了回访。

建设单位表示，四标段是交大创新港的核心、亮点。项目监理机构执行力、责任心强，工作严谨细致。主要亮点有：

1. 监理单位和项目监理机构人员对本项目的工作非常认真。对发现的问题会一直跟踪施工单位整改。对施工方案审核尤为仔细，不仅项目监理机构要审，公司总工程师还要审核把关，对一些关键问题还与建设单位进行沟通，印象深刻。

2. 建设单位对本项目的工程质量控制、安全生产管理工作主要依靠监理。监理团队对原材料进场验收、关键部位的旁站、过程检查验收、施工工艺控制等都抓的很严。在安全生产管理方面，监理人员每天的巡检工作很细致，没有发生过安全生产事故。工程竣工后的维修量非常少。

3. 监理人员遵守职业道德，廉洁自律，发挥了应有的作用，达到了招标选择监理单位的预期效果。

建设单位对监理单位的工作非常满意，感谢陕西兵咨监理为交大创新港项目建设作出的重大贡献。

# 精准监理服务　实现精品工程交付

## ——乌鲁木齐高铁医院项目

## 一、项目概况

　　乌鲁木齐高铁医院项目位于乌市经开区高铁新区，总建筑面积54992.6m²，其中地下面积为8874.3m²，地上面积为46118.23m²。本工程地下一层，地上10层，建筑高度为56.70m。建设规模为新建350床综合医院，包括门诊、医技、住院、体检、康复保健、地下车库及设备电气用房。

## 二、监理单位及其对监理项目的支持

　　新疆兴盛宏安项目管理有限公司具备房屋建筑工程、市政公用工程监理甲级资质、化工石油工程、电力工程、机电安装工程监理乙级资质。公司实施标准化管理，构建了现代企业管理体系，并不断完善内部质量保证体系。公司为项目监理机构提供了全方位的支持，确保技术难题得到妥善处理；对监理工作进行检查和考核，及时纠正偏差。同时，协助项目监理机构实现信息的系统化管理和共享。

## 三、监理工作主要成效

　　项目总监理工程师龙学斌拥有高级工程师职称，在监理领域积累了深厚的专业经验，并获得了行业内的普遍认可。在监理工作中，总监理工程师以其对质量控制的严谨态度和卓越的服务响应能力，多次获得建设单位的高度赞誉及行业内的表彰奖励。

　　在项目实施过程中，项目监理机构制定了工程监理规划、对施工单位提交的35份各类方案进行了细致的审查与批复，编制的监理实施细则总计18份。监理团队坚持"预防为主，过程控制为辅，避免事后处理"的质量控制理念，对进场材料进行检验，并严格执行了见证取样方案。同时，通过加强跟踪检查，运用BIM技术对管线布局和标高进行了精确调整，有效预防了管线碰撞问题。监理人员严格遵循相关标准和规范，对工程质量进行了全面而有效的控制。此外，还制定并严格执行了一套完善的安全生产管理制度，确保了施工过程中未发生任何安全生产事故。

## 四、建设单位简况

新疆维吾尔自治区乌鲁木齐城市建设投资（集团）有限公司是一家国有企业，主要经营乌鲁木齐市的市政道路建设、交通运营、市政基础设施建设以及公共停车设施的管理等业务。

## 五、专家回访录

2024年9月9日，新疆维吾尔自治区回访专家组对本项目的建设单位进行了深入访谈。

建设单位明确表示，本项目监理机构人员配备完善，专业知识广泛，经验丰富，并配备了必需的检测工具。监理团队在协调能力方面表现出色，在工程质量、进度、投资控制以及安全生产管理等方面做出了显著贡献，积极为建设单位提供专业建议，解决了众多技术难题。

监理团队在日常工作中通过巡视检查及时发现并处理问题，对隐蔽工程进行了细致的检查和验收，并对关键部位及关键工序进行旁站。在质量控制方面，监理团队对方案、材料、工序、隐蔽工程等环节均表现出高度的责任感。在安全生产管理方面，监理团队认真审核方案，严格检查并督促整改，确保了安全目标的实现。

**乌鲁木齐城市建设投资（集团）有限公司**

**关于乌鲁木齐高铁医院项目的评价函**

新疆兴盛宏安项目管理有限公司拥有一支结构合理、专业齐全的监理团队，具备丰富的工程实践经验，技术业务水平过硬，工作责任心强，组织协调能力突出。

在监理工作中，该单位在工程建设的各个环节起到了重要的监督、控制和协调作用，能够严格把好工程质量、进度和费用控制，认真执行相关施工验收规范标准，及时有效解决现场存在的问题，积极参与工程建设的有关技术工作，多次向业主、设计单位提出合理化建议并被采纳，主动协调解决合作单位之间的矛盾，并得到了参建各方的认可。

综上所述，我单位认为新疆兴盛宏安项目管理有限公司对项目的建设起到了积极作用，为项目顺利进行和工程质量高标准完成提供了重要保障。

乌鲁木齐城市建设投资（集团）有限公司
2024年9月9日

建设单位进一步指出，在工程建设的各个阶段，项目监理机构都发挥了至关重要的控制和协调作用，严格把控了工程质量、进度和成本，确保了工程的顺利推进，实现了项目预期的各项目标。

建设单位强调，工程监理在建设过程中的积极作用是不可或缺的，是确保建设项目顺利进行和工程质量达到高标准的重要保障。

# 好企业追求卓越　好监理尽职尽责

## ——新疆医科大学第七附属医院医教综合楼项目

## 一、项目概况

新疆医科大学第七附属医院医教综合楼项目建筑面积96449.9m²，其中地上面积81329.6m²，地下面积15120.3m²；地上层数22层，地下2层；建筑高度97m。为框架剪力墙结构形式，项目于2020年6月开工，2023年8月整体竣工验收。

## 二、监理单位及其对监理项目的支持

新疆卓越工程项目管理有限公司拥有工程监理综合资质以及水利、公路、文物保护、环境治理、设计、造价、招投标、工程咨询等多项资质。公司为项目监理机构提供最新的国家及地方法律法规，并积极投入资源进行技术研发与创新。通过将先进的检测技术与信息化管理手段融入项目监理工作，不仅提升了监理工作的效率，也显著提高了监理工作的质量。

## 三、监理工作的主要成效

公司依据项目规模及工程特点组建了项目监理机构，委派具备注册监理工程师及一级建造师执业资格的刘权毕高级工程师担任项目总监理工程师。在他的领导下，监理团队对施工图纸进行了详尽审阅，提出了26项问题并逐一得到解决。在施工过程中，监理人员恪尽职守，深入现场，及时发现施工质量问题及安全生产隐患，共发出监理通知单286份，并对整改情况进行了跟踪监督，确保了工程质量和安全生产。

此外，项目监理机构运用BIM等先进技术，实现了设计、施工、运维等各阶段信息的整合与共享，显著提升了项目管理的效率和施工质量。

最终，该工程荣获了乌鲁木齐市标准化工地奖以及"亚心杯"、自治区标准化工地奖以及自治区"天山奖"等多项荣誉。

## 四、建设单位简况

新疆医科大学第七附属医院是一所隶属于新疆医科大学的公立医疗机构，以老年病的诊治及康养服务为特色，致力于提供医疗、教学、科研、预防保健以及管理等多方面综合服务。作为省级三级综合医院，拥有一支卓越的医疗团队和先进的医疗设备，构建一个全面的健康服务体系，全心全意为各族患者提供健康服务。

## 五、专家回访录

2024年9月10日，新疆维吾尔自治区回访专家组对本项目的建设单位进行了访谈。

建设单位指出，项目监理机构人员配置得当、专业全面、知识深厚、经验丰富。监理单位在月度巡视检查中充分体现了"追求卓越，尽职尽责"的经营理念，对监理工作表示了极大的满意。

项目监理机构依照法律法规及行业标准履行监理职责，对项目进行巡视、旁站以及平行检验，严格控制施工质量、进度、投资，加强安全生产管理，对发现的问题能够及时发出监理通知，并跟踪落实整改。此外，项目监理机构引入了BIM等先进技术，显著提升了项目管理的效率和施工质量。

**新疆医科大学第七附属医院**

关于新疆医科大学第七附属医院医教综合楼项目
的评价函

我院医教综合楼建设项目是自治区级重点项目，新疆卓越工程项目管理有限公司派驻项目的总监及监理人员素质过硬，业务水平扎实。在工程施工过程中严格把关，积极献言献策。非常优秀地完成了监理工作。并且通过BIM等先进技术，显著提升了项目管理效率。卓越公司领导定期会对项目进行巡视检查，进行业务指导，征求我院对项目监理人员的满意度。

在参建各方的共同努力下，本项目分别荣获了优质结构、亚心杯、自治区标准化工地、天山奖，并已申报了鲁班奖评选，我们对此非常有信心。

总体来说，卓越公司监理严格、团队卓越。我院对卓越公司的监理工作非常满意，合作非常愉快，也将在以后的建设项目中，再次迎来合作的机会。

新疆医科大学第七附属医院

2024年9月10日

值得一提的是，项目监理机构根据合同规定配备了相应的监理人员，整个过程中未发生人员变动。监理人员在工作中恪守诚信、廉洁自律，赢得了建设单位和施工单位的高度评价。

# 高效监理服务　确保工程高质量交付
## ——乌鲁木齐空港客运综合枢纽站项目

## 一、项目概况

乌鲁木齐空港客运综合枢纽站项目位于乌鲁木齐市国际机场T2航站楼前方，旨在打造一个集航空、地铁、客运于一体的多功能综合交通枢纽。该项目采用框架结构，总建筑面积16004m²，层高5.8m。枢纽站顶部设有停车设施，室内则配备了商铺和行人换乘通道，主要承担T2航站楼的旅客进站服务功能。

## 二、监理单位及其对监理项目的支持

新疆中厦建设工程项目管理有限公司具有房屋建筑、市政公用工程监理甲级资质以及机电安装、电力工程监理资质；通过了ISO 9001等质量、职业健康、环境保护"三体系"认证。

公司从以下几个方面对项目监理机构提供支持：1. 专业技术、管理支持；公司总工办定期组织巡视、检查项目监理机构的工作，对现场存在问题能够给予及时解决；2. 协助项目监理机构进行质量、进度、投资控制和安全生产管理；3. 定期进行全员培训，提高并及时更新监理人员专业技能和业务水平等；4. 其他后勤支持。

## 三、监理工作主要成效

本项目的总监理工程师张杰拥有高级工程师职称，深耕监理领域20余载，积累了深厚的理论知识与实践经验。在其领导下，项目监理机构恪守监理合同条款，认真执行合同责任，全力以赴地开展监理工作，确保工程质量满足设计与规范要求。施工进度达到预定目标，同时有效控制了项目投资。监理团队严格依照施工合同要求，督促施工单位履行合同责任，审核其安全文明生产制度，定期开展安全文明施工检查，对发现的问题和潜在风险发出331份监理通知单，确保问题得到及时整改。该项目荣获自治区"安全生产标准化工地"称号和2020～2021年度新疆建筑工程"天山奖"。

## 四、建设单位简况

新疆机场集团天缘国际旅游有限责任公司是一家国有企业，其主要经营业务涵盖了客运站的运营管理和提供全面的旅游服务。公司致力于为旅客提供便捷、舒适的出行体验，同时通过丰富的旅游产品和服务，满足不同游客的需求，推动当地旅游业的发展。

## 五、专家回访录

2024年9月11日，新疆维吾尔自治区回访专家组对本项目的建设单位进行了深入访谈。建设单位代表详细介绍了项目的建设进度和监理工作的实施情况。

本项目面临工期紧迫、建设标准要求严格等挑战，同时位于乌鲁木齐机场人流密集的核心地带，在建设标准和新技术、新材料及新设备应用方面，建设单位进行了积极的探索和尝试，以确保该项目的先进性和实用性。对于监理工作也提出了更为严格的要求。

监理单位为本项目组建了强有力的项目监理机构，委派了经验丰富的总监理工程师和各专业监理人员，提供了完备的检测设备和仪器，建立了完善的监理工作制度，为项目监理机构提供了坚实的支持。

项目监理机构对施工单位的质量管理体

**新疆机场集团天缘国际旅游有限责任公司**

**关于乌鲁木齐空港客运综合枢纽站项目**
**工程监理工作质量的评价函**

乌鲁木齐空港客运综合枢纽站项目工程监理单位是新疆中厦建设工程项目管理有限公司，该公司为项目配备了一支结构合理、专业齐全的监理队伍和必要的检测设备、工具；该公司通过 ISO 国际质量等三体系认证，对工程项目的质量控制、员工的职业健康安全、环境管理均完全能够满足工程建设现场监理的要求。

监理合同签订后，该单位首先组建了以总监为首的项目监理机构，他们编制了监理规划及监理实施细则，确定了投资、进度、质量和安全目标；积极参与优化设计方案、强化质量管理、控制工程造价、保证建设工期，狠抓安全文明施工监理，为实现交付使用，创建精品工程，做出很大贡献。

作为建设单位我们对该监理单位的工作非常满意。

新疆机场集团天缘国际旅游有限责任公司
2024 年 9 月 11 日

系、施工进度计划、安全生产管理体系进行了有效的监管，加强合同管理，积极进行沟通协调，确保了项目的顺利进行。监理人员秉持"公平、独立、诚信、科学"的原则开展工作，准时到岗，恪尽职守，廉洁自律，确保了监理工作的优质和高效。他们的努力为项目的顺利建成和交付使用作出了贡献，获得了相关单位的高度评价。

建设单位对项目监理机构的服务给予了"非常满意"的整体评价，并认为新疆中厦是值得信赖的合作伙伴。

# 监理服务"物"超所值 工程建设顺利推进

## ——新疆交旅天翠园项目

## 一、项目概况

交旅天翠园项目位于乌鲁木齐县水西沟镇方家庄村。建筑面积12360.3m²，结构类型为框架剪力墙结构。

## 二、监理单位及其对监理项目的支持

新疆市政建筑设计研究院有限公司拥有房屋建筑工程及市政公用工程监理甲级资质，也具备市政公用工程与建筑工程咨询单位甲级资信和相关专业设计资质。公司以"提供卓越服务，追求顾客满意度达到100%"为质量宗旨，致力于向顾客提供优质服务。为确保项目监理机构能高效且专业地履行监理职责，公司在人力资源、员工培训、设施配置以及日常监管等方面均给予了高度重视和资源投入，确保为项目监理机构提供坚实的支持。

## 三、监理工作主要成效

项目监理机构在质量控制方面采取了严格的措施，确保材料质量符合标准，加强了对施工过程的监督力度，严格遵守验收程序，确保工程质量达到预期目标。在进度控制方面，认真审核施工单位的进度计划，检查施工进度计划执行情况，并督促施工单位按节点完成计划任务，确保整个工程能够按照既定计划顺利推进。在安全生产管理方面，监理团队建立了完善的安全生产管理体系，加强了安全检查的频次和力度，从而有效降低了安全生产事故的发生率。在投资控制方面，对工程计量和支付价款进行了严格的审核，确保投资控制在预算范围内，避免了不必要的资源浪费。在合同与信息管理方面，监理团队协助处理合同争议和索赔事宜，确保项目的顺利推进，且维护了各方的合法权益。

项目总监理工程师徐兴龙拥有15年的工程监理经验，积累了丰富的专业知识和实践经验。他全面掌握专业理论知识，具备丰富的现场工作实践，具有很强的组织协调能力。曾多次被评为公司年度先进个人，赢得了同事和客户的高度认可和尊敬。

## 四、建设单位简况

乌鲁木齐天山德疆投资有限责任公司是乌鲁木齐县的一家地块项目公司，负责交旅天悦湾、交旅天翠园等项目的开发建设及相关工作。

## 五、专家回访录

2024年9月5日，新疆维吾尔自治区回访专家组对本项目的建设单位进行了访谈。建设单位代表对监理工作给予了高度评价。

建设单位指出，为确保项目能够顺利推进并达成既定目标，建设单位通过公开招标的方式选择了具有强大综合实力的监理单位。从项目监理机构的整体表现来看，已完全满足了建设单位在监理招标时的预期。具体而言，项目监理机构的人员配置充分满足了项目监理工作的实际需求，专业配备齐全，业务能力出众，充分展现了工程监理在"质量、进度、投资控制，合同、信息管理，安全生产管理"等方面的监理职责和协调管理能力，为本项目的顺利推进作出了显著且积极的贡献。此外，监理人员在履行职责过程中表现出了高度的责任感、诚信和廉洁自律。

乌鲁木齐天山德疆投资有限责任公司

**表 扬 信**

新疆市政建筑设计研究院有限公司：

由贵单位派驻交旅天翠园项目监理的全体监理工程师，技术业务水平过硬，工作责任心强、组织协调能力强。在工程建设过程中，我方看到了贵司对本项目的高度重视。在施工期间，面对工期紧、任务重等诸多不利因素，积极协调施工方、解决技术难题，项目部迎难而上、发挥攻坚克难的精神，实现重要节点计划顺利完成。

在监理工作过程中认真执行相关施工验收规范标准，及时有效解决现场出现的各种问题，定期、不定期与业主沟通，参与工程建设的有关技术工作，提供技术支持，积极协调施工单位之间的各种问题，使得项目顺利推进。

在此，我单位对贵司委派至该项目的全体监理工程师表示认可，并希望在今后的工作中继续发挥肯吃苦、敢奉献的职业精神，再创辉煌。

乌鲁木齐天山德疆投资有限责任公司

2024年9月5日

监理单位在监理过程中全面应用了"总监宝"数字化管理软件，这一创新手段不仅提升了监理服务的效率，还使得监理工作更加系统化、直观化，也更加便捷和高效。